普通高等教育人工智能与大数据系列教材

Python 科学计算

孙霓刚 主编
包宜洋 李 祺 副主编
徐彬彬 王智超 王 超 参编
慧科教育科技集团 组编

机 械 工 业 出 版 社

本书共分为10章，循序渐进地讲述了Python数据分析的基本概念、NumPy、Pandas、matplotlib以及Python数据分析的综合案例，包括以下主要内容：Python数据分析的基本概念与环境安装配置，以及开发工具的使用；NumPy模块的基本概念、结构及语法；介绍数据分析的核心模块Pandas，以及如何使用Pandas中两大核心对象Series和DataFrame；如何从数据源（文件、数据库）中读取数据并转换为Pandas模块中的DataFrame对象，进而进行数据分析；Pandas中的缺失对象、索引对象以及常用的数据清洗方式；Pandas中的多层索引对象，以及索引对象和Pandas中Series与DataFrame的关系；数据合并的概念，以及Pandas中数据合并的方法；数据分组的概念，以及Pandas中数据分组的方法；如何利用matplotlib进行数据可视化；综合利用本书知识为读者展示对招聘数据进行分析的实战案例。

本书可作为高校计算机及相关专业基础课程教材，也可作为数据分析培训教材和提高数据分析操作能力的参考书。书中在合理安排内容的同时配有适量的例题与习题，以辅助教师讲授和学生自学。

图书在版编目（CIP）数据

Python科学计算 / 孙霓刚主编 .—北京：机械工业出版社，2022.6
(2025.1重印)
普通高等教育人工智能与大数据系列教材
ISBN 978-7-111-70379-2

Ⅰ.①P… Ⅱ.①孙… Ⅲ.①软件工具-程序设计-高等学校-教材
Ⅳ.①TP311.561

中国版本图书馆CIP数据核字（2022）第045936号

机械工业出版社（北京市百万庄大街22号 邮政编码100037）
策划编辑：路乙达 王保家 责任编辑：路乙达 刘琴琴
责任校对：张晓蓉 贾立萍 封面设计：张 静
责任印制：单爱军
北京虎彩文化传播有限公司印刷
2025年1月第1版第3次印刷
184mm×260mm · 13印张 · 320千字
标准书号：ISBN 978-7-111-70379-2
定价：42.80元

电话服务	网络服务
客服电话：010-88361066	机 工 官 网：www.cmpbook.com
010-88379833	机 工 官 博：weibo.com/cmp1952
010-68326294	金 书 网：www.golden-book.com
封底无防伪标均为盗版	机工教育服务网：www.cmpedu.com

Preface 前　言

不论从事什么领域的分析工作，掌握计算机科学知识对分析师来说都是最基本的要求。因为只有具备良好的计算机科学知识及实际应用经验，才能熟练掌握数据分析的必备工具。数据分析离不开计算机技术，比如用于计算的软件 MATLAB 和编程语言（C++、Java、Python、R）等。

在 Pandas 出现之前，R 语言在数据分析领域一直处于霸主地位，随着 Pandas 模块的出现，Python 在数据分析领域成了后起之秀。比起 R 和 MATLAB 等其他用于数据分析的编程语言，Python 不仅提供数据处理平台，还有其他语言和专业应用软件没有的特点。Python 的库一直在增加，其相应的算法也在不断优化，其作为“胶水语言”能与很多语言对接，这些特点使得 Python 在分析领域与众不同。

本书主要讲述 Python 数据分析中最常用到的三大模块：NumPy、Pandas、matplotlib，最后为读者展示了一个完整的实战案例，使读者能够做到学以致用。读者在掌握了本书的基础知识之后，并在工作中不断提升数据分析的能力，才能做出更复杂的数据分析应用。

本书要求读者边学习、边实践操作，每一章都有大量的案例供读者学习参考，避免学习的知识流于表面、限于理论，Python 数据分析没有捷径可走，唯一的方式就是多实践、多动手、多学习经典的数据分析案例，进而应用到自己的分析项目中。

参与本书编写的有孙霓刚、李祺、王超、徐彬彬、王智超、包宜洋。其中王超负责第 1、2 章的编写，徐彬彬负责第 3、4 章的编写，王智超负责第 5~8 章的编写，包宜洋负责第 9、10 章的编写，孙霓刚、李祺和包宜洋对全书进行了统稿。

由于作者水平有限，不当之处在所难免，恳请读者批评指正。

编　者

Contents 目　录

第1章 Chapter 1

数据科学导论

本章学习目标

- 了解数据科学基础概念
- 能够搭建数据科学开发环境
- 能够掌握 IPython shell 的使用
- 能够掌握 Jupyter Notebook 的使用

人类社会已经进入了大数据时代，数据已经被看作是人力和物质以外的第三大资源，以数据为中心的服务产业已经成为社会经济的支柱之一，如何获取数据、如何洞察问题并给出有价值的分析结果，是数据科学方向要研究的基本课题。

1.1 数据科学的由来

什么是数据科学？可以把它简单定义为：数据科学是从数据中提取有用知识的一系列技能和技术。这些技能通常用德鲁·康威（Drew Conway）创造的维恩图（或它的变体）来表示，如图 1-1 所示。

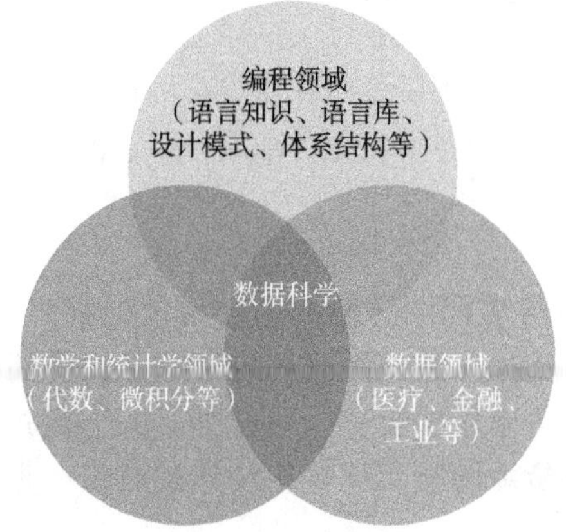

图 1-1 维恩图

图 1-1 中的三个圆圈分别代表三个不同的领域：编程领域（语言知识、语言库、设计模式、体系结构等）；数学和统计学领域（代数、微积分等）；数据领域（医疗、金融、工业等）。这些领域共同构成了数据科学定义中的技能和技术，它们包括获取数据、数据清理、数据分析、创建假设、算法、机器学习、优化、结果可视化等。数据科学汇集了这些领域和技能，支持和改进了从原始数据中提取知识的过程，数据的演变过程如图 1-2 所示。

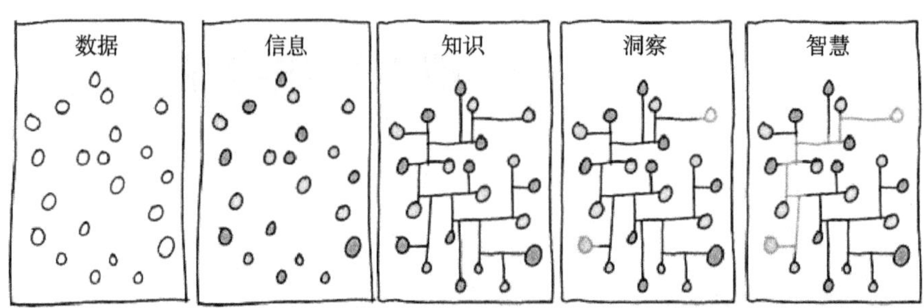

图 1-2　数据的演变过程

由图 1-2 可以看到，从最初简单的毫无规律的数据，通过标识它们变成有价值的信息，对这些数据进行归类后变成有价值的知识，对这些归类的数据做分析变成了洞察，最终这些可以洞察事物本质的数据变成了具有商业价值和传承价值的智慧。

有价值的知识是指具有某种价值、可以回答或解决现实世界中问题的知识。而对于数据科学，则可以定义为：研究应用数据处理和分析方面的进展，提供解决方法和答案的领域。

虽然数据科学领域离普通人的生活比较遥远，但是可以结合平时能够感知的案例，从不同的生活和学习场景中来勾勒出数据科学应用的样子。例如，国内某婚介网站为了给会员找到合适的对象，要求他们回答上百个个人问题，网站通过分析这些答案来确定当前用户的择偶条件倾向，对匹配他们的用户进行画像，进而更好地为当前用户推荐更适合的约会对象。再如，用户在某网站上填写家乡和居住地的信息，表面上看，网站是在帮助该用户的朋友更容易地找到他，但实际上，网站还通过分析地理信息来研究全国不同行业、不同地域的年龄分布情况。

1.2　数据科学在不同场景中的应用

目前数据科学已经广泛地应用到了各行各业中。从新兴的互联网产业到传统的农业、工业、能源、房地产、建筑、电子商务、文化、娱乐等多个领域，都在运用数据科学技术改善自身行业的发展状态。

1. 金融

以金融行业为例，数据科学技术的使用为金融机构提供了一个从竞争中脱颖而出，并重塑其业务的巨大机会。比如，金融机构可以使用数据分析来预测客户的生命周期价值以及预测股票或有价证券等市场的走势。再比如，银行通过收集客户的相关数据对客户进行信用分析，从而进行贷款的风险评估，这样就可以根据客户的需求量身定制个性化的营销手段。

（1）金融风险管理　对金融风险的管理与控制也叫作风控，风险管理的能力会直接影响金融机构的资金投向安全性、运行可信度和相关战略决策。金融机构的风险是非常多的，这些风险可能来自于竞争对手，也可能来自于投资者、监管机构或者公司的客户。在风险管理中，数据科学技术的主要作用是识别潜在客户的信用情况，运用机器学习算法对客户过去的支出行为和模式进行分析，进而为特定的客户确立适当的信用额度。

（2）欺诈识别　在欺诈识别方面，机器学习能够帮助金融机构检测和防范涉及信用卡、会计、保险等欺诈行为。金融机构越早检测到欺诈，就能够越快地限制账户活动，进而能够减少用户的损失。对于新账户，欺诈监测算法还可以调查热门项目的购买量，或在短时间内使用类似的数据打开多个账户。

2. 健康医疗

在健康医疗领域，数据科学家创造了强大的图像识别工具，可以帮助医生深入了解复杂的医学图像，同时运用自然语言处理技术创建的医疗机器人，可以回答病人的简单问题，为病人提供一定的就医指南。通过运用大数据技术，如 MapReduce，可以帮助医疗行业大幅缩短基因组测序的处理时间，从而加快新药品的研制。

（1）医学影像分析　在医学影像方面，如果用人工的方式搜索 X 射线、核磁共振成像、CT 扫描等医学影像，从而进行疾病诊断是十分烦琐的。当病人在医院积累了一定量的医学影像之后，保存、处理、检索这些信息也是非常麻烦的。运用机器学习技术，在大量医学影像及专家标注下进行模型训练，可以实现特定病变组织的检测、组织分割以及影像识别等功能，进而帮助医生快速地进行影像分析并得出一些结论。

（2）药物发现　在药物发现方面，新药的研制和发现周期很长，过程也非常复杂。机器学习算法和大数据技术可以帮助研制药品的人员分析多种药物组合对不同基因结构的影响，从而预测实验结果，快速发现新的药物和有效的药物。

（3）疾病辅助诊断　在疾病辅助诊断方面，数据分析人员可以根据患者的历史数据来建立模型并预测疾病的结果，通过分析数据变量之间的相关性及运用模型的预测结果，医生可以获得辅助的诊断意见。

3. 电子商务

电商领域也是数据科学技术应用很广泛的一个领域。通过搜集用户的行为数据可以预测客户偏好，确定潜在的客户群。数据分析还可以帮助用户识别一些产品的风格与流行度，预测流行趋势，帮助商家辅助制定个性化的营销方案。

（1）推荐系统　用户在浏览电商平台进行购物时，系统会推荐一些用户可能感兴趣的商品。推荐系统可以通过收集用户的基本信息、历史浏览和购买记录选择合适的算法建立模型。用户再次登录到电商平台后，推荐系统就会根据前期的计算和预测来给用户推送其可能感兴趣的商品。

（2）客户分组　分组的目的是为了给客户提供更多的个性化服务，保证客户的忠诚度，减少客户的流失。运用聚类、决策树、逻辑回归等机器学习算法能够帮助电商平台了解不同客户群的生命周期价值，并发现高价值的客户与低价值的客户，进而根据不同的客户实施不同的营销策略。

1.3 数据科学工作的一般流程

数据科学工作的一般流程包括目标确定、原始数据收集、数据清洗与整理、探索性分析、模型与算法、数据产品、系统或可视化报告、实施决策等，如图 1-3 所示。

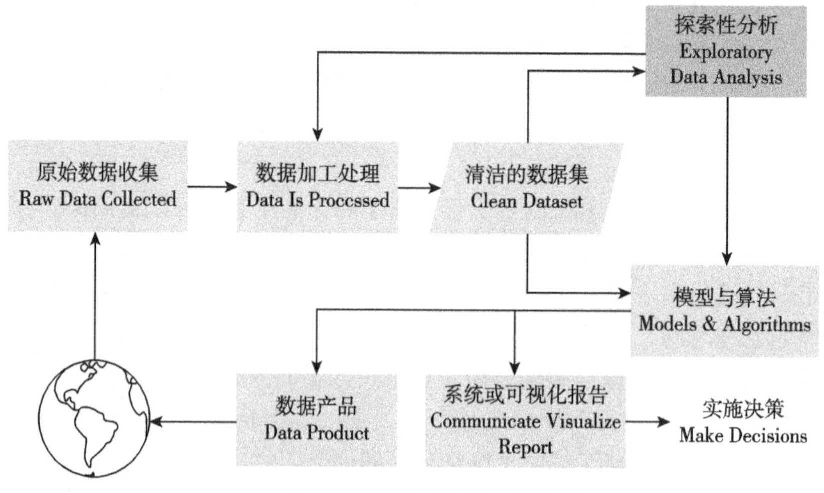

图 1-3　数据科学工作的一般流程

1. 目标确定

这一步通常是由管理者或项目的客户提出来的，他们面对不确定的工作问题时，需要有人能够通过大量的数据分析给予简单明了的决策支持，在面对这些目标时，需要注意以下问题：

1）面对的行业是什么？是否适合用数据分析的方法来洞察问题？

2）是否有足够的渠道收集这些数据？

3）收集的数据量是否可以支撑任务需求？

2. 原始数据收集

目标一旦确定下来，接下来就需要收集相应的数据，在可以准确回答之前所提的三个问题之后，数据的收集工作就可以开展了。关于数据的获取，在不依赖企业资源、不花费任务预算去购买行业数据的情况下，获取目标数据还有以下四种方式：

1）从一些有公开数据的网站上复制/下载，比如统计局网站、各类行业网站等。

2）通过搜索引擎进行搜索。比如要查找汽车销量数据，在百度输入“汽车销量数据”关键字，就可以看到和关键字相关的各种搜索结果，如图 1-4 所示。

3）通过一些专门做数据整理打包的网站/API 进行下载，如果需要寻找金融类的数据，这种方法比较实用，其他类型的数据也有相关网站在整理。

4）自行收集所需数据，比如用爬虫工具爬取点评网站的商家评分、评价内容等，或是直接通过第三方问卷平台来制作一份问卷分发给特定人群，让他们来填写，但相对于人工收集问卷结果，如果可以基于网络爬虫工具进行数据收集显然会事半功倍，可以为项目收集更多数量的可分析数据，进而获得更加精准的分析结果。网络爬虫程序步骤如图 1-5 所示。

汽车销量数据　百度一下

2020年5月汽车销量排行榜-权威汽车销量排行-【最新数据出炉】

515汽车排行网 www.515fa.com

2020年5月汽车销量排行榜即将出炉,515排行网为您提供汽车销量排行榜2020年5月、2019年汽车销量排行榜,涉及小型车销量排行榜、2020年5月SUV销量排行榜、紧凑型车...

www.515fa.com/ - 百度快照

中国乘用车销量数据

2020年5月21日 - 中国乘用车销量数据包含轿车+MPV+SUV在一定时期内实际促销出去的产品数量。... 中国乘用车销量数据包含轿车+MPV+SUV在一定时期内实际促销出去的产品数...

https://baike.pcauto.com.cn/20... - 百度快照

汽车销量数据的最新相关信息

沃尔沃汽车公布最新销量数据,5月沃尔沃汽 新浪　17小时前

原标题:沃尔沃汽车公布最新销量数据,5月沃尔沃汽 来源:雪球综合 沃尔沃汽车公布最新销量数据,5月沃尔沃汽车在中国大陆市场单月销量达到15101辆,同比...

ICON成SUV新增长点 吉利汽车公布5月销量数据 中国二手车城　1小时前

福田汽车发布5月销量数据:销量合计66054辆,同比增长... 科技讯　18小时前

一汽丰田公布最新销量数据,今年5月一汽丰|一汽丰田_... 新浪　14小时前

德国5月汽车销量达16.8万辆 同比下降50% 盖世汽车网　20小时前

销量-搜狐汽车

中国汽车产销数据平台,全面提供国内外汽车销量、汽车产量信息,提供专业的汽车销量数据分析、每月汽车销量排行榜,提供权威专家的汽车销量点评。中国汽车产销数据平台,由...

搜狐网 - 百度快照

全国汽车销量-汽车销量数据分析、保有量数据分析等-达示数据

达示数据超市,可查看汽车销量数据分析、汽车保有量数据分析、汽车用户数据分析等。

https://www.daas-auto.com/supe... - 百度快照

中国汽车销量数据中心_中国汽车销量数据库-汽车排名网

汽车排名网为广大车友爱好者提供最新汽车销量数据,详实的国内汽车销量数据分析国内汽车销量市场走势,打造中国详细的汽车销量数据中心。

www.qichepaiming.com/d... - 百度快照

图 1-4　汽车销量数据搜索结果

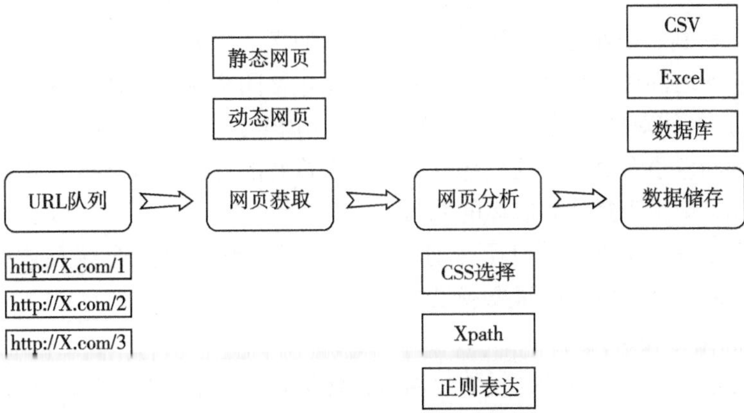

图 1-5　网络爬虫程序步骤

3. 数据清洗与整理

当拿到海量的原生数据时，一般都需要进行数据清洗，以排除数据中的异常值、空白值、无效值、重复值等。这项工作经常会占到整个数据分析过程一半的时间。一般情况下，如果数据是通过公开的数据网站下载的，那么这些数据相对而言是比较干净的，不需要做太多清洗工作，基本可以直接做数据分析。但如果数据是通过爬虫等方式从互联网平台中抓取下来的，那么需要对这些数据进行清洗，提取核心内容，去掉网页代码、标点符号等无用内容。总之，无论采用哪一种方式获取数据，数据清洗永远是数据分析前需要做的重要工作之一。

清洗过后，需要进行数据整理，即将数据整理为能够进行下一步分析的格式，诸如把日期字段（2020 年 6 月 1 日）拆分为年、月字段，这样利于后期可以基于年、月进行分组数据统计。当然对于初学者，很多数据整理的工作用 Excel 也是可以完成的，但是较为复杂的工作还是需要编程语言来完成，比如 Python 中的 Pandas 就是很好的数据处理工具。

4. 探索性分析

数据都整理完毕后，接下来需要整合数据集的所有指标，围绕项目的分析目标进行特征工程工作，即寻找能够和项目分析目标有关联性的数据项目，通过该过程将有价值的指标保留、将关联度不大的指标删除，在此基础上数据分析人员才可以进行后续的数据可视化分析、数据挖掘等工作。

5. 指标分析

描述分析是最基本的分析统计方法，在实际工作中也是应用最广的分析方法。描述统计分为两大部分：数据描述和指标统计。

1）数据描述：用来对数据进行基本情况的刻画，包括数据总数、时间跨度、时间粒度、空间范围、空间粒度、数据来源等。如果是建模，那么还需要数据的极值、分布、离散度等内容。

2）指标统计：用来作报告，分析实际情况的数据指标，可粗略分为四大类，即变化、分布、对比、预测，具体指标如下。

①变化：指标随时间的变动，表现为增幅（同比、环比等）。

②分布：指标在不同层次上的表现，包括地域分布（省、市、区/县、店/网点）、用户群分布（年龄、性别、职业等）、产品分布（动感地带、全球通）等。

③对比：包括内部对比和外部对比。内部对比包括团队对比（团队 A 与 B 的单产对比、销量对比等）、产品线对比（动感地带和全球通的 ARPU、用户数、收入对比）；外部对比主要是与市场环境和竞争者对比。这一部分和分布有重叠的方面，但分布更多用于找出好或坏的方面，而对比更偏重于找到好或坏的原因。

④预测：根据现有情况，估计下个分析时段的指标值（这里会涉及数据挖掘的技术，也是数据分析方向的高级应用的重要场景之一）。

6. 数据可视化与决策支持

数据整理完毕后，可以借助大量的数据可视化形式，将诸多数据围绕某个特定主题以直观的图表形式呈现出来，靓丽的数据图表可以纳入工作汇报的 PPT 和数据分析的报告中，真正让不会说话的数据产生它应有的商业价值，可视化图表如图 1-6 所示。

图 1-6　可视化图表

1.4　IPython 的概念

在了解数据科学研究的具体流程之后，还要了解如何去完成整个数据的科学流程。第一个要解决的问题就是数据分析的工具是什么，这里要引入一个概念，即基于 Python 的快速开发工具 IPython。

IPython 是什么？本质上它是一个增强版的 Python 交互模式解释器，所见即所得的执行代码，能够查看结果，也拥有历史记录查看功能。它是一个 Python 开发者必备的工具，IPython 常用的功能有以下几种：

1）IPython Notebook 是一个可以在线可编辑可运行的笔记，可以测试程序、执行代码。作为说明文档，它能帮助不擅长 Web 开发的工作人员做出很多页面的效果，支持 Markdown 语法等。

2）自动补全，当使用 import xx 的时候就可以使用 Tab 键自动补全对应的模块/方法的名字。

3）magic 方法，提供很多 magic 的函数命令，比如可以直接执行 ls、pwd 等命令，还能使用其他 shell 命令，调用编辑器等。

4）可以通过“?”或者“??”查看代码的注释、接口参数等。

5）它可以提供很多的配置选择，可以使用内置/外部插件达到一些其他的功能，比如 autoreload ——不需要退出 IPython 就能获得已经 import 之后的代码修改后的效果。

IPython 在 Python 界有什么地位？用一些 github 的数据列举的表可以显示，见表 1-1。

表 1-1　github 常见项目数据

序　号	项　目	Issue 数	Star 数
1	Django	4221	13088
2	Flask	1359	12810
3	Tornado	1352	8626
4	IPython	7898	5822

这是 Python 最有名的几个项目。可以看出 IPython 的 Star 数（求赞数）远落后于其他项目，但是它的 Issue 数却远高于其他项目。究其原因，一方面 IPython 覆盖的功能和逻辑更多、更复杂，用户对 IPython 的依赖和兴趣要高很多；另一方面 IPython 由于内容太多更容易出现 bug，且主要维护者都是科学家，他们没有太多精力和兴趣做一些基础保障。可见 IPython 的知名度不高，但是用户粘性却很强。

1.5 IPython 的安装

IPython 可以直接使用 pip install iPython 安装，但是一般推荐直接安装 Anaconda 集成包，它包含了主要的数据分析与科学计算开发工具包，且各种依赖的版本相互协调。用户自己逐个安装的话将会很麻烦，尤其是遇到版本不匹配的时候。

可以用 IPython 在命令行打开 IPython shell，就像打开普通的 Python 解释器一样，如图 1-7所示。

```
Python 3.7.0 (default, Jun 28 2018, 08:04:48) [MSC v.1912 64 bit (AMD64)]
Type 'copyright', 'credits' or 'license' for more information
IPython 6.5.0 -- An enhanced Interactive Python. Type '?' for help.

In [1]: _
```

图 1-7　IPython 解释器

可以通过输入代码并按 Return（或 Enter），运行任意 Python 语句。当只输入一个变量，它会显示代表的对象，撰写测试代码如图 1-8 所示。

```
In [1]: import numpy as np

In [2]: data = np.random.rand(16)

In [3]: data
Out[3]:
array([0.56681765, 0.97271307, 0.39238815, 0.62252294, 0.48756828,
       0.1830758 , 0.93063147, 0.40216769, 0.51903912, 0.78730905,
       0.41587382, 0.75237183, 0.31168539, 0.7955724 , 0.03580572,
       0.0011234 ])

In [4]: _
```

图 1-8　测试代码

前两行是 Python 代码语句。第二条语句创建一个名为 data 的变量，它引用一个新创建的 Python 字典。最后一行语句打印 data 的值。

1.6 IPython 的功能特点

1.6.1 magic 特性

IPython 提供了很多的 magic 关键字，数据开发人员能够借助它更加高效地进行工作，magic 关键字具体内容见表 1-2。

表 1-2　常见 magic 关键字

%Exit	%Pprint	%Quit	%alias	%autocall	%autoindent	%automagic
%bookmark	%cd	%color_info	%colors	%config	%dhist	%dirs
%edit	%env	%hist	%logoff	%logon	%logstart	%logstate
%macro	%magic	%p	%page	%pdb	%pdef	%pdoc
%profile	%prun	%psource	%pushd	%pwd	%r	%rehash
%run	%runlog	%save	%sc	%sx	%system_verbose	%unalias
%who_ls	%whos	%xmode	%popd	%who	%reset	%pinfo

IPython 会检查传给它的命令是否包含 magic 关键字。如果命令是一个 magic 关键字，IPython 就自己来处理，如果不是 magic 关键字，就交给 Python（标准解释器）去处理。如果 automagic 设置打开（默认），使用者就不需要在 magic 关键字前加% 符号；相反，如果 automagic 是关闭的，则% 符号是必须要有的。

1.6.2　Tab 补全功能

IPython 另一个非常强大的功能是 Tab 自动补全。标准 Python 交互式解释器和 IPython 都支持“普通”自动补全和菜单补全。按下 Tab 键后，会弹出匹配项目供用户选择，选择清单效果如图 1-9 所示。

```
In [4]: import os

In [5]: os.O_
        os.O_APPEND      os.O_EXCL         os.O_RDONLY       os.O_SHORT_LIVED os.O_TRUNC
        os.O_BINARY      os.O_NOINHERIT    os.O_RDWR         os.O_TEMPORARY   os.O_WRONLY
        os.O_CREAT       os.O_RANDOM       os.O_SEQUENTIAL   os.O_TEXT
```

图 1-9　选择清单效果

输入 os. o 然后按 Tab 键，os. o 被展开，并显示 os 所有以 o 开头的模块、类和函数。

1.6.3　代码自省

IPython 有几个内置的函数用于自省。IPython 不仅可以调用所有标准 Python 函数，对于那些 Python shell 内置函数同样适用。典型的使用标准 Python shell 进行自省，比如使用内置的 dir( ) 函数，自省结果如图 1-10 所示。

```
In [6]: dir(np.ndarray)
Out[6]:
['T',
 '__abs__',
 '__add__',
 '__and__',
 '__array__',
 '__array_finalize__',
 '__array_interface__',
 '__array_prepare__',
 '__array_priority__',
 '__array_struct__',
 '__array_ufunc__',
 '__array_wrap__',
 '__bool__',
 '__class__',
 '__complex__',
 '__contains__',
 '__copy__',
 '__deepcopy__',
 '__delattr__',
 '__delitem__',
 '__dir__',
```

图 1-10　代码自省

可以观察图 1-10，它包含了 numpy. ndarray 的所有方法、类、模块等。因为 dir( ) 是一个内置函数，所以在 IPython 中也能很好地使用它，dir( ) 内置函数在 IPython 中效果如图 1-11所示。

```
In [2]: dir(list)
Out[2]:
['__add__',
 '__class__',
 '__contains__',
 '__delattr__',
 '__delitem__',
 '__dir__',
 '__doc__',
```

图 1-11　dir( )内置函数

1.7　Jupyter Notebook 的使用

1.7.1　Jupyter Notebook 的概念及特点

虽然说 IPython 可完成一些基本的交互代码开发，但是遇到大型分析项目或是复杂的科学计算时，IPython 就有点力不从心了，更多情况之下，在进行数据科学研发时需要使用一种模块化的 Python 编辑器——Jupyter Notebook。

Jupyter Notebook 是基于网页的用于交互计算的应用程序，其可被应用于全过程计算：开发、文档编写、运行代码和展示结果，简言之，Jupyter Notebook 是以网页的形式打开并可以在网页页面中直接编写代码和运行代码，代码的运行结果也会直接在代码块下显示的程序。如在编程过程中需要编写说明文档，可在同一个页面中直接编写，便于进行及时的说明和解释。

Jupyter Notebook 组成部分包含网页应用与文档，网页应用即基于网页形式的、结合了编写说明文档、数学公式、交互计算和其他富媒体形式的工具。简言之，Jupyter Notebook 是可以实现各种功能的工具。Jupyter Notebook 中所有交互计算、编写说明文档、数学公式、图片以及其他富媒体形式的输入和输出，都是以文档的形式体现的。这些文档是保存为扩展名为 . ipynb 的 JSON 格式文件，不仅便于版本控制，也方便与他人共享。此外，文档还可以导出为 HTML、LaTeX、PDF 等格式。Jupyter Notebook 的主要特点包含以下几点：

1）编程时具有语法高亮、缩进、Tab 补全的功能。

2）可直接通过浏览器运行代码，同时在代码块下方展示运行结果。

3）以富媒体格式展示计算结果，富媒体格式包括 HTML、LaTeX、PNG、SVG 等。

4）对代码编写说明文档或语句时，支持 Markdown 语法。

5）支持使用 LaTeX 编写数学性说明。

1.7.2　安装 Jupyter Notebook

安装 Jupyter Notebook 的前提是需要安装 Python（3. 3 版本及以上或 2. 7 版本），有两种安装方式：使用 Anaconda 安装和使用 pip 命令安装。

如果是初学者，那么建议通过安装 Anaconda 来解决 Jupyter Notebook 的安装问题，因为 Anaconda 已经自动安装了 Jupyter Notebook 及其他工具，还有 Python 中超过 180 个科学包及其依赖项，可以通过进入 Anaconda 的官方下载页面自行选择下载。常规来说，安装了 Anaconda 发行版时是已经自动安装了 Jupyter Notebook 的，但如果没有自动安装，那么就在终端中输入以下命令安装。

程序清单 1-1

```
conda install jupyter notebook
```

如果使用 pip 安装的话，首先 pip 要升级到最新版本，pip3 install -upgrade pip，因为旧版本的 pip 在安装 Jupyter Notebook 过程中或许会面临依赖项无法同步安装的问题。因此强烈建议先把 pip 升级到最新版本，然后执行以下代码：

程序清单 1-2

```
pip install jupyter
```

1.7.3 启动 Jupyter Notebook

Python 的 Jupyter 内核是使用 IPython。要启动 Jupyter Notebook，在命令行中输入命令，结果如图 1-12 所示。

程序清单 1-3

```
jupyter notebook
```

```
PS C:\> jupyter notebook
[I 10:27:50.172 NotebookApp] JupyterLab extension loaded from F:\Anaconda3\lib\site-
[I 10:27:50.172 NotebookApp] JupyterLab application directory is F:\Anaconda3\share\
[I 10:27:50.175 NotebookApp] Serving notebooks from local directory: C:\
[I 10:27:50.175 NotebookApp] The Jupyter Notebook is running at:
[I 10:27:50.175 NotebookApp] http://localhost:8888/?token=a482ac0a2b4362c44faf4df7ce
[I 10:27:50.175 NotebookApp] Use Control-C to stop this server and shut down all ker
[C 10:27:50.209 NotebookApp]

    Copy/paste this URL into your browser when you connect for the first time,
    to login with a token:
        http://localhost:8888/?token=a482ac0a2b4362c44faf4df7cea3ae7c8bbd07002e07a06
[I 10:27:50.394 NotebookApp] Accepting one-time-token-authenticated connection from
```

图 1-12 启动 Jupyter Notebook

在多数平台上，Jupyter 会自动打开默认的浏览器（除非指定--no-browser）。或者可以在启动 notebook 之后，手动打开 http：//localhost：8888/。图 1-13 展示了浏览器中的 notebook。

要新建一个 notebook，单击 New，选择“Python3”或“conda [默认项]”。如果是第一次，单击空格，输入一行 Python 代码，然后按 Shift-Enter 执行。如图 1-14 所示为新建一个 notebook。

当保存 notebook 时（File 目录下的 Save and Checkpoint），会创建一个扩展名为 . ipynb 的文件。这是一个自包含文件格式，包含当前笔记本中的所有内容，可以被其他 Jupyter 用户加载和编辑。

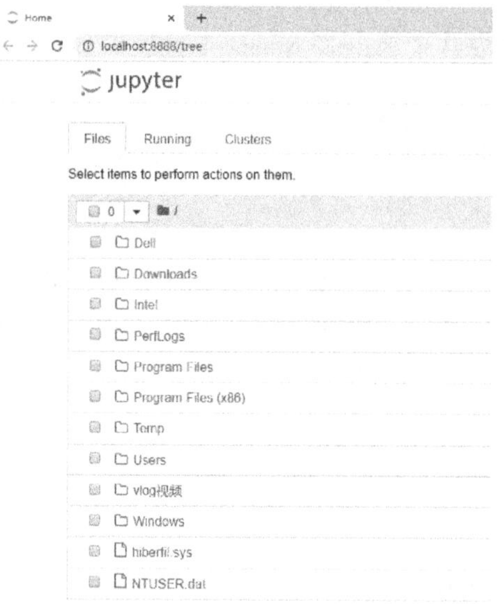

图 1-13　浏览器中的 notebook

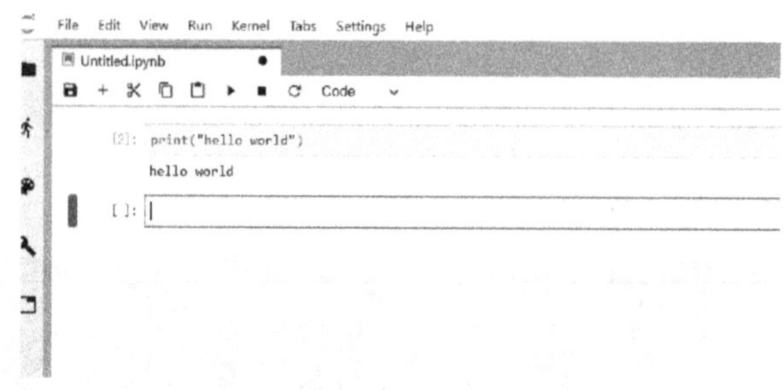

图 1-14　新建一个 notebook

1.8　本章小结

在本章中学习了数据科学的具体概念以及数据科学开发的环境搭建，如使用 IPython 与 Jupyter Notebook。一般可以用 iPython 命令在命令行打开 IPython Shell，就像打开普通的 Python 解释器；notebook 是 Jupyter 项目的重要组件之一，它是一个代码、文本（有标记或无标记）、数据可视化或其他输出的交互式文档。本书中代码使用了 IPython 与 Jupyter Notebook 环境。

1.9　练习

1. 简述你理解的数据科学概念。
2. 简述你接触过的哪些应用程序应用了数据科学。
3. 使用 IPython 环境控制台输出“hello world”。
4. 安装 Jupyter Notebook 并创建一个 Notebook，编辑并输出“hello world”。
5. 编辑一个 notebook，编写 Markdown 语法与 Python 代码。

第2章 Chapter 2

NumPy基础

本章学习目标

- 了解 NumPy 函数库的基本概念
- 了解 NumPy 函数库的基本结构
- 掌握 NumPy 函数库的基本语法

NumPy（Numerical Python）是 Python 科学计算的基础软件包，它不仅针对数组运算提供了大量的函数库，还能够支持维度数组与矩阵运算，且运算效率高，是处理大量数组类结构和机器学习框架的基础库。

2.1 NumPy 的概念

2.1.1 什么是 NumPy

NumPy 是一个开源的 Python 科学计算库，其中包含了很多实用的数学函数，涵盖线性代数运算、基本统计运算、随机模拟等功能。经过长时间的发展，虽然不管是 Numeric 还是 NumPy 都没能进入 Python 标准库，但是 NumPy 却成了绝大部分 Python 科学计算的基础包。

2.1.2 NumPy 的优势

NumPy 的优势包含以下几点：

1）便捷，NumPy 能够直接对数组和矩阵进行操作，省略了很多循环语句，其包含的众多数学函数也使编写代码的工作轻松许多。

2）高效，NumPy 的核心是 ndarray 对象，它是一系列同类型数据的集合，许多操作在编译代码中执行以提高性能，有助于对大量数据进行高级数学和其他类型的操作。

3）速度，NumPy 是在一个连续的内存块中存储数据的结构，独立于其他 Python 内置对象。NumPy 是 C 语言编写的，内置算法库可以操作内存，比起 Python 的内置序列，NumPy 数组使用的内存更少。NumPy 可以在整个数组上执行复杂的计算，而不需要 Python 的 for

循环。

要掌握具体的性能差距，下列代码测试了一个包含一百万整数的数组和一个等价的Python列表：

程序清单　2-1

```
import numpy as np
my_arr = np.arange(1000000)
my_list = list(range(1000000))
```

各个序列分别乘以 2，并查看程序运行时间：

程序清单　2-2

```
%time for _ in range(10);my_arr2 = my_arr * 2
```

代码执行结果是：

程序清单　2-3

```
    CPU times:user 20 ms,
sys:50 ms,
total:70 ms
Wall time:72.4 ms
```

代码参数调整后，输入代码如下：

程序清单　2-4

```
%time for _ in range(10); my_list2 = [x * 2[1] for x in my_list]
```

代码执行结果是：

```
CPU times:user 760 ms,
sys:290 ms,
total:1.05 s
Wall time:1.05 s
```

从上述结果得出结论：基于 NumPy 的算法要比纯 Python 快 10 ~ 100 倍（甚至更快），并且使用的内存更少。

2.2　ndarray 对象基本应用

2.2.1　创建 ndarray

NumPy 最重要的一个特点是其 n 维数组对象 ndarray，是用于存放同类型元素的多维数组。该对象由两部分组成：一是实际的数据，二是描述这些数据的元数据。大部分的数组操作仅仅是修改元数据部分，而不改变其底层的实际数据。

由于 NumPy 没能进入 Python 标准库，要想使用就必须先导入此函数库，本书采用如下方式导入 NumPy 库，代码如下：

程序清单　2-5

```
import numpy as np
```

首先创建一个数组，才能对其进行相应的操作和运算。除了可以使用底层 ndarray 构造器来创建外，也可以通过以下几种常见的方式来创建：

1）创建数组最简单的方法就是使用 array( )函数，它可以接收一切序列型的对象，将结构数据转化为对象，产生一个新的含有传入数据的数组，代码如下：

程序清单　2-6

```
data = [[1,2,3,4,5,6,7,8,9,10,11,12]]
arr = np. array(data)
arr
```

代码执行结果是：

```
array([1,2,3,4, 5,6,7,8,9,10,11,12])
```

使用 array 函数创建多维数组时，就需要传入多层嵌套序列，代码如下：

程序清单　2-7

```
data = [[1,2,3,4],[5,6,7,8],[9,10,11,12]]
arr = np. array(data)
arr
```

代码执行结果是：

```
array([[ 1,  2,  3,  4],
[ 5,  6,  7,  8],
[ 9, 10, 11, 12]])
```

2）给数组赋初始值时，经常会用到元素值为 0 的数组，使用 zeros( )函数就可以实现，数据默认的数据类型是 float 浮点型，代码如下：

程序清单　2-8

```
np. zeros(5)
```

代码执行结果是：

```
array([0. , 0. , 0. , 0. , 0. ])
```

3）ones( )函数也可以创建任意维度和元素个数的数组，默认的数据类型也是 float 浮点型，不同的是其元素的默认值均为 1，代码如下：

程序清单 2-9

```
np.ones(6)
```

代码执行结果是：

```
array([1. , 1. , 1. , 1. , 1. , 1. ])
```

ones 函数也可以产生多维数组，调整代码参数后，输入代码如下：

程序清单 2-10

```
np.ones((4,3))
```

代码执行结果是：

```
array([[1. , 1. , 1. ], [1. , 1. , 1. ],[1. , 1. , 1. ], [1. , 1. , 1. ]])
```

通过代码输出结果可以看到，通过传入一个元组参数，得到了一个 4 行 3 列的结构。

4）empty()函数比较有迷惑性，其意义并不是创建元素全为空的数组，而是指创建指定形状的数组，其中的元素都是随机的、没有意义的随机数，输入代码如下：

程序清单 2-11

```
np.empty((3,3))
```

代码执行结果是：

```
array([[0.00000000e+000, 0.00000000e+000, 0.00000000e+000],
       [0.00000000e+000, 0.00000000e+000, 5.86949987e-321],
       [1.24610723e-306, 2.56761491e-312, 3.91792476e-317]])
```

可以看出代码输出的值是错乱无序的，但是它确实产生了指定维度的数据结构，所以这类函数的使用需要正确理解它的特性，才能应用到不同的代码场景中去。

5）arange()函数，NumPy 中有一个类似于 range()功能的函数 arange()，它和 range()用法基本相同，它们的区别就在于使用 arange()函数前必须先导入 NumPy 函数库，返回的是一个数组对象。注意：arange()函数通常有三个参数，分别是 start、stop、step：start 与 stop 指定数值的范围；step 设定步长，步长可以为任意值，参数可以省略不写。start 默认为 0，step 默认为 1，输入代码如下：

程序清单 2-12

```
arr = np.arange(1,12,2)
arr
```

代码执行结果是：

```
array([1,3,5,7,9,11])
```

程序清单　2-13

代码参数调整后，输入代码如下：

```
arr = np.arange(12)
arr
```

代码执行结果是：

```
array([0,1,2,3,4,5,6,7,8,9,10,11])
```

6）linspace()函数，linspace()函数可以创建具有等差数列性质的数组，通常具有三个参数，分别为 start、stop、num。注意：num 为生成的样本数，省略不写时默认为 50。

程序清单　2-14

```
arr = np.linspace(1,5,4)
arr
```

代码执行结果是：

```
array([1, 2.33333333, 3.66666667, 5])
```

代码参数调整后，输入代码如下：

程序清单　2-15

```
arr = np.linspace(1,5)
arr
```

代码执行结果是：

```
array([1.  ,1.08163265, 1.16326531, 1.24489796, 1.32653061,
    1.40816327,1.48979592, 1.57142857, 1.65306122, 1.73469388,
    1.81632653,1.89795918, 1.97959184, 2.06122449, 2.14285714,
    2.2244898 ,2.30612245, 2.3877551 , 2.46938776, 2.55102041,
    2.63265306,2.71428571, 2.79591837, 2.87755102, 2.95918367,
    3.04081633,3.12244898, 3.20408163, 3.28571429, 3.36734694,
    3.44897959,3.53061224, 3.6122449 , 3.69387755, 3.7755102 ,
    3.85714286,3.93877551, 4.02040816, 4.10204082, 4.18367347,
    4.26530612,4.34693878,4.42857143, 4.51020408, 4.59183673,
    4.67346939,4.75510204, 4.83673469, 4.91836735, 5.  ])
```

常见创建数组的函数见表 2-1。

表 2-1　常见创建数组的函数

函　数	说　明
array( )	将输入的数据转化为数组对象，数组元素的类型为最佳推断类型，除非特别指定数据元素类型
arange( )	功能与 Python 中的 range( )类似，但返回的是一个数组对象
ones/ones _ like	ones 表示根据指定的形状和元素类型创建元素全为 1 的数组；ones _ like 表示根据已知数组创建形状相同的元素全为 1 的数组
zeros/zeros _ like	zeros 表示根据指定形状创建元素全为 0 的数组；zeros _ like 表示根据已知数组创建形状相同的元素全为 0 的数组
empty( )	分配内存空间，但是里面的数据全为垃圾值

2.2.2　元素的类型

Python 中自带整型、浮点型和复数类型，但这些在科学计算中远远不够。NumPy 所支持的数据类型与 Python 相比就丰富很多，生成新数组时一般会有一个参数 dtype，它的默认值一般为 float 浮点型。

1. 类型查看

首先创建一个数组，代码如下：

程序清单　2-16

```
arr = np. arange(8)
arr
```

代码执行结果是：

```
array([0, 1, 2, 3, 4, 5, 6, 7])
```

通过 dtype 函数查看数组中元素的类型，如果使用的 Python 是 64 位的，创建数组所用的元素都是整数，那么所创建的数组的元素类型就是 64 位的长整型。如果使用的 Python 是 32 位的，那么默认整数类型为 32 位，输入代码如下：

程序清单　2-17

```
arr. dtype
```

代码执行结果是：

```
dtype('int64')
```

通过输出结果可以看到，返回了 arr 对象的数据类型为'int64'类型。关于 NumPy 中的数据类型的种类，见表 2-2。

表 2-2　NumPy 数据类型

名　称	描　述
bool	布尔型数据类型（True 或者 False）
int _	默认的整数类型（类似于 C 语言中的 long、int32 或 int64）
intc	与 C 语言中的 int 类型一样，一般是 int32 或 int64
intp	用于索引的整数类型（类似于 C 语言中的 ssize _ t，一般情况下仍然是 int32 或 int64）
int8	字节（ −128 ~ 127）
int16	整数（ −32768 ~ 32767）
int32	整数（ -2^{31} ~ $2^{32}-1$）
int64	整数（ -2^{63} ~ $2^{63}-1$）
uint8	无符号整数（0 ~ 255）
uint16	无符号整数（0 ~ 65535）
uint32	无符号整数（0 ~ $2^{32}-1$）
uint64	无符号整数（0 ~ $2^{64}-1$）
float _	float64 类型的简写
float16	半精度浮点数，包括 1 个符号位、5 个指数位、10 个尾数位
float32	单精度浮点数，包括 1 个符号位、8 个指数位、23 个尾数位
float64	双精度浮点数，包括 1 个符号位、11 个指数位、52 个尾数位
complex _	complex128 类型的简写，即 128 位复数
complex64	复数，表示分别用两个 32 位浮点数表示实部和虚部
complex128	复数，表示分别用两个 64 位浮点数表示实部和虚部

2. 类型转换

数组中元素的类型是可以改变的，通常可以通过 ndarray 对象的 astype 方法去转换数组对象的类型。一般在实际操作时，需要注意如下几点：

1）int32 转换为 float64 时没有问题，但 float64 转换为 int32 时会将小数部分截断；string _转换为 float64 时，如果字符串数组表示的全是数字，也可以用 astype 转化为数值类型。

2）调用 astype 无论如何都会创建一个新的数组，相当于原始数据的复制代码如下。

程序清单　2-18

```
arr = np. array([3.7, -1.2, -2.6,0.5,0.8])
arr. astype(np. int64)
```

代码执行结果是：

```
array([ 3, -1, -2,0,0],dtype = int64)
```

通过输出结果可以看出，数组元素的类型由原来的 float 类型转为 int 类型。

如果某字符串数组表示的全是数字，也可以用 astype 将其转换为数值形式，代码如下：

程序清单　2-19

```
numeric_strings = np.array(['1.25', '-9.6', '42'], dtype = np.string_)
numeric_strings.astype(float)
```

代码执行结果是：

```
array([ 1.25, -9.6 , 42 ])
```

上例中的程序是将整数转换为浮点数，如果要将浮点数直接转换为整数，小数部分会被截断。

程序清单　2-20

```
np.int64(1.7)
```

代码执行结果是：

```
1
```

2.2.3　数组的属性

NumPy 对象提供了大量的属性，在实际开发过程中，可以通过 NumPy 对象提供的预定义属性快速获取数组的属性值，有效提升代码的编写效率。NumPy 常见属性列表见表 2-3，下面对其部分属性进行详细介绍。

表 2-3　NumPy 常见属性列表

属　性	说　明
ndarray.ndim	轴的数量或维度的数量
ndarray.shape	数组的维度，对于矩阵是 n 行 m 列
ndarray.size	数组元素的总个数，相当于 .shape 中 $n\times m$ 的值
ndarray.dtype	ndarray 对象的元素类型
ndarray.itemsize	ndarray 对象中每个元素的大小，以字节为单位
ndarray.flags	ndarray 对象的内存信息
ndarray.real	ndarray 元素的实部
ndarray.imag	ndarray 元素的虚部
ndarray.data	包含实际数组元素的缓冲区，由于一般通过数组的索引获取元素，所以通常不需要使用这个属性

1）ndim 属性：用于返回秩，即数组的维数。下面的程序清单中 arr 是一个二维数组，查看 ndim 属性的代码如下：

程序清单 2-21

```
arr = np.array([[1,3,6,9],[2,7,5,3]])
arr.ndim
```

代码执行结果是：

```
2
```

2）shape属性：以tuple表示的数组形状，描述了数组对象各个维度的长度。数组是一个通用的同构数据多维容器，其中的元素必须是同种类型的数据，可以通过其dtype属性来描述数组元素的类型。若数组中的元素均为同一种类型，数组的内存占用就很容易确定下来。通过shape属性查看数组的维度，代码如下：

程序清单 2-22

```
arr = np.array([[1,3,6,9],[2,7,5,3]])
arr.shape
```

代码执行结果是：

```
(2, 4)
```

接下来还可以通过shape调整数组的维度：

程序清单 2-23

```
arr.shape = (4,2)
arr
```

代码执行结果是：

```
array([[1, 3], [6, 9],[2, 7], [5, 3]])
```

3）size属性：用以查看数组元素总数，使用方法如下：

程序清单 2-24

```
arr.size
```

代码执行结果是：

```
8
```

表示此数组共8个元素。

4）itemsize属性。以字节为单位，表示返回数组中每一个元素的大小。

程序清单 2-25

```
arr = np.array([1,2,8,3,5])
arr.itemsize
```

代码执行结果是：

```
4
```

表示数组中的每一个元素大小都是 4 个字节。

5）flags 属性：表示返回的是对象的内存信息，flags 返回值信息见表 2-4。

表 2-4　flags 返回值信息

属　　性	描　　述
C _ CONTIGUOUS（C）	数据是在一个单一的 C 风格的连续段中
F _ CONTIGUOUS（F）	数据是在一个单一的 Fortran 风格的连续段中
OWNDATA（O）	数组拥有它所使用的内存或从另一个对象中借用它
WRITEABLE（W）	数据区域可以被写入，将该值设置为 False，则数据为只读
ALIGNED（A）	数据和所有元素都适当地对齐到硬件上
UPDATEIFCOPY（U）	这个数组是其他数组的一个副本，当这个数组被释放时，原数组的内容将被更新

程序清单　2-26

```
arr = np. array([1,2,7,4,6])
arr. flags
```

代码执行结果是：

```
C _ CONTIGUOUS : True
F _ CONTIGUOUS : True
OWNDATA : True
WRITEABLE : True
ALIGNED : True
WRITEBACKIFCOPY : False
UPDATEIFCOPY : False
```

通过返回结果可以看出 arr 变量在内存中的存储情况。

2.3　索引与切片

与 Python 中 list 切片一样，数组也可以通过索引、切片等方法来存取其中的元素，或切割出一个新的数组，对其进行访问或修改。

2.3.1　基本的索引与切片

首先创建一个新的数组，代码如下：

程序清单　2-27

```
arr = np. arange(12,1, -1)
arr
```

代码执行结果是：

```
array([12, 11, 10,  9,  8,  7,  6,  5,  4,  3,  2])
```

下面尝试索引访问。

1）单个元素索引，可以通过数组中元素的下标来获取想得到的元素，代码如下：

程序清单 2-28

```
arr[3]
```

代码执行结果是：

```
9
```

通过代码输出结果可以发现，指定了索引值为 3，访问了数组中的第四个元素即数字 9，通过索引值直接访问数组中的特定元素。

2）索引数组访问，代码用法如下：

程序清单 2-29

```
arr[np.array([3, 5, 1, 8])]
```

代码执行结果是：

```
array([ 9, 7, 11, 4])
```

在上述的案例中，创建了一个含有“3，5，1，8”四个元素的数组，接着将它们作为索引值来批量访问 arr 中的元素，实现了高效的数据访问，注意：如果索引值超出范围，将会报错，如下代码所示。

程序清单 2-30

```
arr[np.array([3,5, 1, 15])]
```

代码执行结果是：

```
IndexError: index 15 is out of bounds for axis 0 with size 11
```

在上述的输出结果中可以看到，尝试访问不存在的索引 15 这个元素，导致异常报错。

3）通过索引对数组中的元素进行修改，代码如下：

程序清单 2-31

```
arr[0] =4
arr
```

代码执行结果是：

```
array([4,1, 2, 3, 4, 5, 6, 7, 8, 9,10,11])
```

从上述代码输出结果可以看到，数组中第一个元素的值被改为4，表示修改成功。

4）通过切片访问数据，如果需要批量访问数组元素，那可以通过切片的方式来指定元素的提取范围，如下代码所示。

程序清单　2-32

```
arr[0:5] =2
print(arr)
```

代码执行结果是：

```
array([2, 2, 2, 2, 2, 5, 6, 7, 8, 9, 10, 11])
```

通过代码输出结果可以看到，代码以切片的方式批量访问下标为0的元素一直到下标为5的元素的前一个元素，同时赋值为2。注意与列表不同的是，通过切片获取的新的数组是原始数组的一个复制，不能通过切片的返回结果来改变原有数组，如下代码所示。

程序清单　2-33

```
arr = np.arange(12,1, -1)    #[12, 11, 10,9,8,7,6,5,4,3,2]
b = arr[1:3]
b[1] =10
b
```

代码执行结果是：

```
array([11, 10])
```

可以看到数组b的值被改变了，输出arr的值看看是否也发生了改变，代码如下：

程序清单　2-34

```
arr
```

代码执行结果是：

```
array([2,2,10,2,2,5,6,7,8,9,10,11])
```

可以观察到数组b值的改变没有影响原有arr数组的值。

在一个二维数组中，各索引位置上的元素不再是标量，而是一个一维数组，代码如下：

程序清单　2-35

```
arr2 = np.array([[1, 2, 3],[4,5,6],[7,8,9]])
arr2[2]
```

代码执行结果是：

```
array([7, 8, 9])
```

代码访问了 arr2 数组的下标为 2 的元素，即把 arr2 看作一维数组，访问了它的第 3 个元素，即列表数据。另外也可以依次指定数组的维度，直接访问到特定元素，代码如下：

程序清单　2-36

```
arr2 [1][2]
```

代码执行结果是：

```
3
```

通过代码输出，可以看到访问到了第一行，第二列的元素是 2，再通过一个案例感受下它的特性，代码如下：

程序清单　2-37

```
arr1 = [1,2,3]
arr2 = [4,5,6]
arr3 = [arr1,arr2]
print(arr3[1][2])
```

代码执行结果是：

```
6
```

上述的代码中依次创建了两个数组，即 arr1 和 arr2，最后组装为 arr3，最后依次访问它的维度，成功获取元素 6。

2.3.2　切片索引

对于一维数组，切片方法与 Python 列表切片相同：三个参数分别为起始值、终止值、步长，以冒号作为分割符。用切片作为下标获取数组的一部分，起始值为下标是 2 的元素，终止值为下标是 9 但不包括其本身的元素，步长是 2，代码如下：

程序清单　2-38

```
arr[2:9:2]
```

代码执行结果是：

```
array([10,8,6,4])
```

用切片作为下标获取数组的一部分，截取从 arr [2] 开始到原数组末尾的数组，步长省略时默认为 1，代码如下：

程序清单　2-39

```
arr[2:]
```

代码执行结果是：

```
array([10,9,8,7,6,5,4,3,2])
```

用切片作为下标获取数组的一部分，截取包括 arr［2］但不包括 arr［7］的数组，代码如下：

程序清单 2-40

```
arr[2:7]
```

代码执行结果是：

```
array([10,9,8,7,6])
```

注意： 当使用整数列表对数组元素进行存取时，将使用列表中的每个元素作为下标，得到的数组不再与原始数组共享数据，示例如下，创建一个含有八个元素的数组 a：

程序清单 2-41

```
a = np. arange(9,1, -1)
a
```

代码执行结果是：

```
array([9, 8, 7, 6, 5, 4, 3, 2])
```

数组 a 创建后，将列表所谓索引值提取部分元素放入数组 b 中，观察赋值是否成功实现，代码如下：

程序清单 2-42

```
b = a[[1, 2, 3]]
b[0] =1
b
```

代码执行结果是：

```
array([1, 7, 6])
```

确认 b 的值改变后，再观察 a 的值是否也被改变，代码如下：

程序清单 2-43

```
a
```

代码执行结果是：

```
array([9, 8, 7, 6, 5, 4, 3, 2])
```

通过输出结果可以看出，变量 a 中第一个元素没有伴随 b 的改变而被改变，即数组 a 和数组 b 不再共享内存空间，但对于上节中 arr2 这样的二维数组，切片方式就有所不同了。

程序清单 2-44
```
arr2 = np. array([[1, 2, 3],[4,5,6],[7,8,9]])
arr2
```

代码执行结果是：

```
array([[1, 2, 3], [4, 5, 6],  [7, 8, 9]])
```

arr2 是一个含有三个列表元素的一维数组，通过切片的方式可以对元素批量访问，代码如下：

程序清单 2-45
```
arr2[:1]
```

代码执行结果是：

```
array([[1 ,2, 3]])
```

从输出结果中可以看到，截取 arr2 中下标为 0 的元素一直到下标为 1 的元素但不包含下标为 1 的元素，实际上就是只取到了下标为 0 的那个元素，即包含“1,2,3”元素的列表。切片是沿着一个维度来选取元素的。arr2 [:1] 可以被认为是“选取 arr2 的第一个元素”；也可以一次传入多个切片，就像传入多个索引那样，代码如下：

程序清单 2-46
```
arr2[:3,1:]
```

代码执行结果是：

```
array([[2, 3],[5, 6],[8, 9]])
```

注意：对切片表达式的赋值操作将会被扩散到整个选择对区域，代码如下：

程序清单 2-47
```
arr2[:2,1:] =0
arr2
```

代码执行结果是：

```
array([[1, 0, 0],[4, 0, 0],[7, 8, 9]])
```

在这个三行三列的数组中，可以看出切片的效果是提取前两行中的后两列来进行数据的赋值。

2.3.3 布尔型索引

布尔型索引是指在对目标数组元素进行筛选时，给定的条件是一组布尔值类型的数组，每个元素的取值（真或假）对应着目标元素相应次序元素的取值策略，即为真的元素予以保留、假的元素予以舍弃，通过这个方式，可以快速地对目标数组元素的去留进行标注，下面通过一个案例来理解这个特性：

首先创建一个用于存储数据的数组 data 以及一个存储姓名的数组 names（可能含有重复项）。使用 NumPy 中 randn 函数生成一些呈正态分布的随机数据存入 datas 中：

程序清单 2-48

```
names = np.array(['zhang','wang','li','zhao','sun','liu'])
data = np.random.randn(6,4)
names
```

代码执行结果是：

```
array(['zhang', 'wang', 'li', 'zhao', 'sun', 'liu'], dtype='<U5')
```

接着，在输出 data 数组查看它的内容，代码如下：

程序清单 2-49

```
data
```

代码执行结果是：

```
array([[-1.61808028,  1.10805147, -0.90057281, -3.44300477],
       [ 1.51014877,  1.48500081,  0.83190726, -0.40327024],
       [-0.96683426,  0.89205339,  0.1009306 ,  0.10520974],
       [-1.73711141, -0.30054861,  0.31217648,  0.32712438],
       [ 1.27358464,  0.35818536, -3.00926487,  0.9174407 ],
       [ 0.97361345, -0.83523339,  1.31539175,  0.15554378]])
```

假设每个名字对应 data 数组中的一行，现在想要选出与" zhang" 相对应的所有行。与算术运算一样，数组的比较运算也是矢量化的。因此，对 names 和字符串" zhang" 作比较运算将会返回一个布尔型数组，这个布尔型数组可用于数组索引，代码如下：

程序清单 2-50

```
names == 'zhang'
```

代码执行结果是：

```
array([ True, False, False, False, False, False])
```

通过输出结果，可以看出返回的是一个布尔值的数组，即要得到的索引数组，接下来把它作为索引依据筛选 data 数组的元素，代码如下：

程序清单 2-51
```
data[names == 'zhang']
```

代码执行结果是：

```
array([[ -1.61808028,  1.10805147, -0.90057281, -3.44300477]])
```

通过输出结果，可以看出 data 数组中第一个元素被匹配出来，与之前获得索引数组 True 值所在位置一致。注意：布尔型数组的长度必须与被索引的数组指定维度长度一致，如果布尔型数组的长度不对，布尔型选择将会报错，代码如下：

程序清单 2-52
```
data[names == 'zhang',2:]
```

代码执行结果是：

```
array([[ -0.90057281, -3.44300477]])
```

程序清单 2-53
```
data[names == 'zhang', 4]
```

代码执行结果是：

```
File "<ipython-input-40-3516083da68b>",line 1
data [names == 'zhang',4]
IndexError: index 4 is out of bounds for axis 1 with size 4
```

要选择除“wang”以外的其他值，可以使用不等于符号“!=”或“~”对条件进行否定作用。针对 names 数组进行条件筛选，寻找 names 数组中不等于“wang”的元素状态，代码如下：

程序清单 2-54
```
names != 'wang'
```

代码执行结果是：

```
array([ True, False,  True,  True,  True,  True])
```

通过输出结果，可以看出针对前面的表达式生成了布尔值索引，接着以此为基础，通过求反后的结果作为筛选条件，在 data 数组中筛选元素，代码如下：

程序清单 2-55
```
data[~(names == 'wang')]
```

代码执行结果是：

```
array([[ -1.61808028,1.10805147, -0.90057281, -3.44300477],
    [ 1.51014877,1.48500081,0.83190726,  -0.40327024],
    [ -0.96683426,0.89205339,0.1009306 ,0.10520974],
    [ -1.73711141,  -0.30054861,0.31217648,0.32712438],
    [ 1.27358464,0.35818536,  -3.00926487,0.9174407 ],
    [ 0.97361345,  -0.83523339,1.31539175,0.15554378]])
```

通过代码的执行结果，可以看出多个元素的值都被匹配出来，“ ~ ”代表求反的意思。要想选取这三个名字中的两个，就需要组合并应用多个布尔条件，如使用布尔算术运算符：&（和）、|（或）等。注意：Python 关键字 and 和 or 在布尔型数组中无效。要使用“&”与“|”。

程序清单 2-56

```
mask = (names == 'zhang') | (names == 'wang')
mask
```

代码执行结果是：

```
array([ True,True,False,False,False,False])
```

从代码输出结果可以看出，整个索引数组有两个元素为真，即匹配出两个元素，接下来把它们代入 data 数组，可以得到相应数组，代码如下：

程序清单 2-57

```
data[mask]
```

代码执行结果是：

```
array([[ -1.61808028,1.10805147, -0.90057281, -3.44300477],
    [1.51014877,1.48500081,0.83190726, -0.40327024]])
```

2.3.4 花式索引

花式索引指的是利用整数数组进行索引，根据索引数组的值作为目标数组的某个轴的下标来取值。对于使用一维整型数组作为索引，如果目标是一维数组，那么索引的结果就是对应位置的元素；如果目标是二维数组，那么索引的结果就是对应下标的行。注意：花式索引和切片不一样，它总是将数据复制到新数组中。首先创建一个八行四列的数组，代码如下：

程序清单 2-58

```
arr = np.arange(32).reshape((8,4))
arr
```

代码执行结果是：

```
array([[ 0,1,2,3],
       [4,5,6,7],
       [8,9,10,11],
       [12,13,14,15],
       [16,17,18,19],
       [20,21,22,23],
       [24,25,26,27],
       [28,29,30,31]])
```

传入一个用于指定顺序的整数列表，使用负数索引将会从末尾开始选取，代码如下：

程序清单 2-59

```
arr[[3,5,4,2]]
```

代码执行结果是：

```
array([[12, 13, 14, 15], [20, 21, 22, 23],[16, 17, 18, 19], [ 8,  9, 10, 11]])
```

给定负值索引，代码如下：

程序清单 2-60

```
arr[[ -3, -5, -2]]
```

代码执行结果是：

```
array([[20,21, 22, 23], [12, 13, 14, 15], [24, 25, 26, 27]])
```

一次传入多个索引数组，返回的将是一个一维数组。要想选取的矩阵行列的子集是矩形区域的形式，就要使用 np. ix _函数，首先准备数据，代码如下：

程序清单 2-61

```
arr2 = np. arange(32). reshape((8,4))
arr2[[1,5,7,2]][:,[0,3,1,2]]
```

代码执行结果是：

```
array([[4,  7,  5,  6],
       [20,23,21,22],
       [28,31,29,30],[8,11,9,10]])
```

数据准备完毕，应用 ix _函数实现笛卡儿积的映射关系，代码如下：

程序清单 2-62

```
arr2[np. ix _([1,5,7,2],[0,3,1,2])]
```

代码执行结果是：

```
array([[ 4, 7, 5, 6],[20, 23, 21, 22],[28, 31, 29, 30],[ 8, 11,  9, 10]])
```

在上述的例子中，np.ix_函数将数组［1，5，7，2］和数组［0，3，1，2］产生笛卡儿积，得到如下数据：

```
(1,0), (1,3), (1,1), (1,2),
(5,0), (5,3), (5,1), (5,2),
(7,0), (7,3), (7,1), (7,2),
(2,0), (2,3), (2,1), (2,2)
```

通过上述的矩阵数组可以看出两个各自有四个元素，分别代表行、列的数组通过交叉构成了 4 ×4 的新的数组矩阵。

2.4 内置函数

NumPy 对象提供了大量的内置函数，方便开发人员高效率地对其存储的数据进行处理，熟练掌握这些函数可以大大提升工作效率。NumPy 对象中常见函数有字符串函数、统计函数、数学函数、算数函数、排序及筛选函数等，本节将逐一对它们进行介绍。

2.4.1 字符串函数

NumPy 中提供了对字符串进行操作的系列函数，对这些函数的访问依赖于 char 这个对象，该对象提供了一系列函数用以进行字符串操作，见表 2-5。

表 2-5 NumPy 字符串函数

函　数	描　述
add()	返回两个 str 或 unicode 数组的按元素的字符串连接
multiply()	返回按元素多重连接后的字符串
center()	居中字符串
capitalize()	将字符串第一个字母转换为大写
title()	将字符串的每个单词的第一个字母转换为大写
lower()	返回将元素转换为小写的数组
upper()	返回将元素转换为大写的数组
split()	指定分隔符对字符串进行分隔，并返回数组列表
splitlines()	返回元素中的行列表，以换行符分隔
strip()	移除元素开头或者结尾处的特定字符
join()	通过指定分隔符来连接数组中的元素
replace()	使用新字符串替换原字符串中的所有子字符串
encode()	数组元素依次调用 str. encode
decode()	数组元素依次调用 str. decode

char对象中的字符串常用函数大概有14个，下面逐一进行介绍。

1）add()函数依次对两个数组的元素进行字符串连接，代码如下：

程序清单 2-63
```
np.char.add(['hello'],['world'])
```

代码执行结果是：

```
array(['hello world'], dtype='<U10')
```

代码参数调整后，输入代码如下：

程序清单 2-64
```
np.char.add(['hello', 'ab'],[' world', 'cd'])
```

代码执行结果是：

```
array(['hello world', 'abcd'], dtype='<U11')
```

2）multiply()函数返回按元素多重连接后的字符串，代码如下：

程序清单 2-65
```
np.char.multiply('Hi',5)
```

代码执行结果是：

```
array('Hi Hi Hi Hi Hi', dtype='<U15')
```

3）center()函数可以将字符串居中，并使用指定字符填充在字符串两侧，代码如下：

程序清单 2-66
```
np.char.center('Hi', 10,fillchar='-')
```

代码执行结果是：

```
array('----Hi----', dtype='<U10')
```

4）capitalize()函数将字符串的第一个字母转换为大写，代码如下：

程序清单 2-67
```
np.char.capitalize('hi')
```

代码执行结果是：

```
array('Hi', dtype='<U2')
```

5）title函数()将字符串每个单词的第一个字母转换为大写，代码如下：

程序清单 2-68
```
np.char.capitalize('i love numPy')
```

代码执行结果是：

```
array('I Love NumPy', dtype='<U12')
```

6）lower()函数将数组中的每个元素转换为小写，代码如下：

程序清单 2-69
```
np.char.lower(['Python','NumPy'])
```

代码执行结果是：

```
array(['python', 'numPy'], dtype='<U6')
```

7）upper()函数将数组中的每个元素转换为大写，代码如下：

程序清单 2-70
```
np.char.upper(['Python','NumPy'])
```

代码执行结果是：

```
array(['PYTHON', 'NUMPY'], dtype='<U6')
```

8）split()函数对字符串进行分隔并返回数组，可以指定分隔符进行分隔，默认情况下的分隔符为空格，代码如下：

程序清单 2-71
```
np.char.split ('i love NumPy?')
```

代码执行结果是：

```
array(list(['i', 'love', 'NumPy?']), dtype=object)
```

代码参数调整后，输入代码如下：

程序清单 2-72
```
np.char.split ('www.baidu.com', sep='.')
```

代码执行结果是：

```
array(list(['www', 'baidu', 'com']), dtype=object)
```

9）splitlines()函数与 split 函数相似，不同的是以换行符作为分隔符来分隔字符串，并返回数组。\n、\r、\r\n 都可用作换行符，代码如下：

程序清单　2-73

```
np.char.splitlines('i\nloveNumPy?')
```

代码执行结果是：

```
array(list(['i', 'loveNumPy?']), dtype=object)
```

10）strip()函数用于移除开头或结尾处的特定字符，代码如下：

程序清单　2-74

```
np.char.strip('i loveNumPy','i')
```

代码执行结果是：

```
array(' loveNumPy', dtype='<U12')
```

11）join()函数通过指定分隔符来连接数组中的元素或字符串，代码如下：

程序清单　2-75

```
np.char.join(':','NumPy')
```

代码执行结果是：

```
array('n:u:m:p:y', dtype='<U9')
```

12）replace()函数将使用新字符串替换原字符串中的所有子字符串，代码如下：

程序清单　2-76

```
np.char.replace('aabbccdd','cc','pp')
```

代码执行结果是：

```
array('aabbppdd', dtype='<U8')
```

13）encode()函数对数组中的每个元素调用进行编码。默认为 utf-8，代码如下：

程序清单　2-77

```
arr = np.char.encode('Python', 'cp500')
```

代码执行结果是：

```
array(b'\x97\xa8\xa3\x88\x96\x95', dtype='|S6')
```

14）decode()函数对编码的元素进行解码，代码如下.

程序清单　2-78

```
np.char.decode(arr,'cp500')
```

代码执行结果是：

```
array('Python', dtype='<U6')
```

2.4.2 统计函数

NumPy 有很多非常实用的统计函数，用于从数组给定的元素中按照指定轴查找平均数、最小值、最大值、百分标准差和方差等。为了能逐一演示这些函数的特点，首先创建一个三行四列的随机数组用于后续操作，代码如下：

程序清单 2-79

```
arr = np.random.randn(3,4)
arr
```

代码执行结果是：

```
array([[-1.91960002, -0.75740276, -0.63555225,  0.27888584],
       [-0.56446526,  0.456845  ,  0.04151401, -0.88979374],
       [-0.03746336, -0.98248566, -0.90871407,  0.11530508]])
```

1）mean()函数用来求平均数，代码如下：

程序清单 2-80

```
arr.mean()
```

代码执行结果是：

```
-0.48357726646064964
```

如果提供了轴参数，则沿其计算，axis = 1 为沿行计算，axis = 0 为沿列计算，代码如下：

程序清单 2-81

```
arr.mean(axis=1)
```

代码执行结果是：

```
array([-0.7584173, -0.238975, -0.4533395])
```

代码参数调整后，输入代码如下：

程序清单 2-82

```
arr.mean(axis=0)
```

代码执行结果是：

```
array([-0.84050955, -0.42768114, -0.50091744, -0.16520094])
```

2）sum()函数用来数据求和，代码如下：

程序清单 2-83

```
arr.sum()
```

代码执行结果是：

```
-5.802927197527795
```

sum()函数也支持指定轴方向来统计数据和，设置 axis = 1 即沿行方向求和，代码参数调整后，输入代码如下：

程序清单 2-84

```
arr.sum(axis=1)
```

代码执行结果是：

```
array([ 1.7254504 , -1.96772869, -2.04275197])
```

3）min()函数用于计算数组中的元素沿指定轴的最小值；max()函数用于计算数组中的元素沿指定轴的最大值，代码如下：

程序清单 2-85

```
np.amin(arr)
```

代码执行结果是：

```
-1.919600024974258
```

代码参数调整后，输入代码如下：

程序清单 2-86

```
np.amax(arr,axis=0)
```

代码执行结果是：

```
array([-0.03746336,0.456845,0.04151401,0.27888584])
```

4）median()函数用于计算数组 arr 中元素的中位数。中位数即将所有元素按顺序排列后位于最中间的元素，若元素个数为偶数，则中位数为最靠近中心的两个元素的平均数，代码如下：

程序清单 2-87

```
np.median(arr)
```

代码执行结果是：

```
-0.6000087522551989
```

5）var()函数返回的是数组中元素的方差。方差是在概率论和统计方差衡量随机变量或一组数据时离散程度的度量，是衡量源数据和期望值相差的度量值。方差越大，离散程度越大，代码如下：

程序清单 2-88

```
np.var([1,2,3,4,4,3,2,1])
```

代码执行结果是：

```
1.2
```

6）std()函数返回的是数组中元素的标准差。标准差又称均方差，是方差的算术平方根，同样可以反映一个数据集的离散程度。标准差越大，离散程度越大，代码如下：

程序清单 2-89

```
np.std([4,5,6,7])
```

代码执行结果是：

```
0.816496580927726
```

7）ptp()函数返回的是数组中元素最大值与最小值的差，即最大值减去最小值，同样可以接受一个 axis 参数，计算指定轴上的最大值与最小值的差，代码如下：

程序清单 2-90

```
arr = np.array([[3,8,4],[2,6,4],[1,6,2]])
np.ptp(arr)
```

代码执行结果是：

```
7
```

代码参数调整后，输入代码如下：

程序清单 2-91

```
np.ptp(arr,axis = 1)
```

代码执行结果是：

```
array([5,4,5])
```

8）percentile()函数用于计算百分位数，百分位数是统计中使用的度量，表示小于这个值的观察值的百分比。percentile( )接受以下参数：

① a：输入数组；

② q：要计算的百分位数，在 0 ~ 100 之间；

③ axis：指定计算百分位数的轴。

输入代码如下：

程序清单　2-92

```
arr = np.array([[10,6,1], [5,8,3]])
np.percentile(a, 50, axis =0)
```

代码执行结果是：

```
array([2. , 6. , 4. ])
```

设置 50% 的分位数，就是 a 里排序之后的中位数。

2.4.3　数学函数

NumPy 包含大量的各种数学运算的函数，包括三角函数、算术运算的函数、复数处理函数等，下面对它们分别进行介绍。

1）NumPy 提供的标准三角函数有 sin( ) 、cos( )、tan( )，代码如下：

程序清单　2-93

```
arr = np.array([45,60,90])
np.sin(arr * np.pi/180)
np.cos(a * np.pi/180)
np.tan(a * np.pi/180)
```

代码执行结果是：

```
array([[0.70710678, 0.8660254 ,1.  ],[7.07106781e-01,5.00000000e-01,6.12323400e-17],
       [1.00000000e+00, 1.73205081e+00, 1.63312394e+16]])
```

2）arcsin( )、arccos( )和 arctan( )函数是返回给定角度的 sin( )、cos( )和 tan( )的反三角函数。这些函数的结果可以通过 NumPy.degrees( )函数将弧度转换为角度，代码如下：

程序清单　2-94

```
sin = np.sin(arr * np.pi/180)
inv = np.arcsin(sin)
inv
```

代码执行结果是：

```
array([0.78539816, 1.04719755, 1.57079633])
```

代码参数调整后，输入代码如下：

程序清单 2-95

```
np.degrees(inv)
```

代码执行结果是：

```
array([45. , 60. , 90. ])
```

3）数字舍入函数包括 around()、floor()、ceil()等函数，around()函数返回指定数字的四舍五入值，代码如下：

程序清单 2-96

```
a = np.array([1.2,3.76,5.34])
np.around(a)
```

代码执行结果是：

```
array([1. , 4. , 5. ])
```

4）floor()函数返回小于或者等于指定值的最大整数，即向下取整，代码如下：

程序清单 2-97

```
a = np.array([ -1.7, -0.2,  0.6,])
np.floor(a)
```

代码执行结果是：

```
array([ -2. , -1. , 0. ])
```

5）ceil()函数与 floor()函数正相反，返回的是大于或者等于指定值的最小整数，即向上取整，代码如下：

程序清单 2-98

```
a = np.array([ -1.7, -0.2,  0.6,])
np.ceil(a)
```

代码执行结果是：

```
array([ -1. , -0. , 1. ])
```

2.4.4 算术函数

NumPy 算术函数包含简单的加、减、乘、除，借助它们可以实现常见的算术运算。需要注意的是：数组必须具有相同的形状或符合数组广播规则，下面对它们进行逐一介绍。

1）reciprocal 函数返回参数组元素的倒数。如 1/2 倒数为 2/1，代码如下：

程序清单　2-99

```
a = np. array([5. 12, 0. 25, 1, 45])
np. reciprocal(a)
```

代码执行结果是：

```
array([0. 1953125,4. ,1,0. 02222222])
```

2）power 函数将第一个输入数组中的元素作为底数，计算它与第二个输入数组中相应元素的幂，代码如下：

程序清单　2-100

```
a = np. array([1,100,1000])
np. power(a,3)
```

代码执行结果是：

```
array([1,1000000,1000000000], dtype = int32)
```

3）mod 函数计算输入数组中相应元素相除后的余数，函数 remainder( ) 也产生相同的结果，代码如下：

程序清单　2-101

```
a = np. array([10,30,50])
b = np. array([3,6,7])
np. mod(a,b)
```

代码执行结果是：

```
array([1, 0, 1], dtype = int32)
```

代码参数调整后，输入代码如下：

程序清单　2-102

```
np. remainder(a,b)
```

代码执行结果是：

```
array([1, 0, 1], dtype = int32)
```

2.4.5　排序、筛选函数

NumPy 提供了多种排序的方法，这些用于排序的函数可以实现不同的排序算法，每个排序算法的特征在于它们的执行速度、最坏情况性能、所需的工作空间和算法的稳定性。表 2-6 显示了三种排序算法的比较。

表 2-6　三种排序算法比较

种　类	速　度	最坏情况	工作空间	稳定性
quicksort（快速排序）	1	O（n^2）	0	否
mergesort（归并排序）	2	O（n * log（n））	~n/2	是
heapsort（堆排序）	3	O（n * log（n））	0	否

1）sort 函数与 Python 内置的列表类型一样，NumPy 数组也可以通过 sort 方法排序。sort 函数返回输入数组的排序副本，sort（a，axis，kind，order）含有四个参数：

① a：要排序的数组。

② axis：沿着它排序数组的轴，如果没有数组会被展开，沿着最后的轴排序，axis = 0 为按列排序，axis = 1 为按行排序。

③ kind：默认为 quicksort（快速排序）。

④ order：如果数组包含字段，则是要排序的字段。

sort 函数具体使用方法如下代码：

程序清单　2-103

```
np. array([[2,6],[5,1]])
np. sort(a)
```

代码执行结果是：

```
array([[2, 6],[1, 5]])
```

可以通过 axis 参数设置改变排序方向，设置 axis = 0 则按列排序，输入代码如下：

程序清单　2-104

```
np. sort(a, axis =0)
```

代码执行结果是：

```
array([[2, 1],[5, 6]])
```

2）argsort 函数返回的是数组中从小到大的索引值。

程序清单　2-105

```
a = np. array([5,1,7])
b = np. argsort(a)
a[b]
```

代码执行结果是：

```
array([1, 5, 7])
```

3）lexsort()用于对多个序列进行排序。把它想象成对电子表格进行排序，每一列代表一个序列，排序时优先照顾靠后的列，输入代码如下：

程序清单　2-106

```
surnames = ('Hertz','Galilei', 'Hertz')
first_names = ('Heinrich', 'Galileo', 'Gustav')
ind = np.lexsort((first_names, surnames))    #值是:[1, 2, 0, 3]
#使用这个索引来获取排序后的数据:
[name[i] + ", " + dv[i]for i in ind]
```

代码执行结果是：

```
['Galilei, Galileo', 'Hertz, Gustav', 'Hertz, Heinrich']
```

排序规则：首先按照 surnames 的字母对应的 ASCII 码大小进行排序，如果出现无法排序的情况，再以 first_names 字母对应的 ASCII 码大小进行排序。

本例中 surnames 的 Galilei 比其他小，因此是第一个。而 Hertz 和 Hertz 一样大，这时找到 first_names 中对应位置的数据并进行排序，明显 Gustav 小于 Heinrich，所以索引值就为 1，2，0。

2.5　数组的运算

Python 中提供了 list 容器，但为了保存一个简单的列表如［2，5，6］，就需要三个指针和三个整数对象，这会使运算效率大大降低，NumPy 的出现弥补了这些不足，因为它使用户不需编写循环代码就可以对数据执行批量操作，一般称其为矢量化。

2.5.1　四则运算

通常情况下，四则运算是指加、减、乘、除，首先创建 a 和 b 两个数组，代码如下：

程序清单　2-107

```
a = np.array([[1,3,6,9],[2,7,5,3]])
b = np.array([[2,3,5,6],[1,5,6,7]])
```

接下来，分别进行四则运算：

1）加法运算是将两个数组对应位置元素相加，代码如下：

程序清单　2-108

```
a + b
```

代码执行结果是：

```
array([[ 3,6,11,15],[3,12,11,10]])
```

2）减法运算是将两个数组对应位置元素相减，代码如下：

程序清单 2-109

```
a - b
```

代码执行结果是：

```
array([[ -1,0,1,3], [ 1,2, -1, -4]])
```

3）乘法运算是将两个数组对应位置元素相乘，并非是矩阵乘法。代码如下：

程序清单 2-110

```
a * b
```

代码执行结果是：

```
array([[ 2,9,30,54],[2,35,30,21]])
```

4）除法运算是将两个数组对应位置元素相除，代码如下：

程序清单 2-111

```
a/b
```

代码执行结果是：

```
array([[0.5 , 1.  , 1.2    , 1.5 ], [2, 1.4 , 0.83333333, 0.42857143]])
```

2.5.2 广播

数组的算数运算要求两个数组必须具有完全相同的形状（维数和各维数的长度），如果上节中两个数组 a 和 b 的形状相同，那么 a × b 的结果就是 a 与 b 数组对应位置的元素分别相乘。

广播（Broadcast）描述了 NumPy 如何在对数组的算术运算中处理具有不同形状的数组，其提供了一种矢量化数组操作的方法，使较小的数组在较大的数组上“广播”，以便它们具有兼容的形状。下面分别对广播的两种应用方式进行介绍。

1）每个元素广播 *3 操作，代码如下：

程序清单 2-112

```
arr = np. array([1, 2, 3, 4]). reshape([2, 2])
3 * arr
```

代码执行结果是：

```
array([[ 3,  6],[ 9, 12]])
```

2）对两个不同形状的数组做广播，代码如下：

程序清单　2-113

```
x = np. array([1, 2, 3])
y = np. array([[1, 2, 3], [4, 5, 6], [7, 8, 9]])
x + y
```

代码执行结果是：

```
array([[ 2,  4,  6],[ 5,  7,  9], [ 8, 10, 12]])
```

2.5.3　逻辑运算

逻辑运算又称布尔运算，是指用数学方法研究逻辑问题，返回的是布尔值。常见的有与运算和或运算。创建两个新的数组，代码如下：

程序清单　2-114

```
x = np. array([1,7,5])
y = np. array([2,7,1])
```

1）与运算表示两数组对应位置元素全都相同返回 True，否则返回 Flase，代码如下：

程序清单　2-115

```
np. all(x == y)
```

代码执行结果是：

```
Flase
```

2）或运算表示两数组对应位置元素只要有一个相同返回 True，全都不相同时才返回 Flase，代码如下：

程序清单　2-116

```
np. any(x  ==  y)
```

代码执行结果是：

```
True
```

2.6　基于数组的文件输入与输出

NumPy 内置二进制格式，能够读/写磁盘上的文本数据或二进制数据，但更多的用户会选择使用 pandas 或其他工具加载文本或表格数据。np. save 和 np. load 是读/写磁盘数组数据的两个主要函数。在默认情况下，数组是以未压缩的原始二进制格式保存在扩展名为 . npy 的文件中的，代码如下：

程序清单 2-117
```
arr = np. arange(12)
np. save('a _ array',arr)
```

如果文件路径末尾没有扩展名 . npy，则该扩展名会被自动加上，然后就可以通过 np. load 读取磁盘上的数组，代码如下：

程序清单 2-118
```
np. load('a _ array. npy')
```

代码执行结果是：

```
array([0,1,2,3,4,5,6,7,8,9,10,11])
```

通过 np. savez 可以将多个数组保存到一个未压缩文件中，将数组以关键字参数的形式传入即可。加载 . npz 文件时会得到一个类似字典的对象，该对象会对各个数组进行延迟加载，代码如下：

程序清单 2-119
```
np. savez('Numpy. npz',a = arr, b = arr)
arch = np. load('Numpy. npz')
arch['b']
```

代码执行结果是：

```
array([0,1,2,3,4,5,6,7,8,9,10,11])
```

如果要将数据压缩，可以使用 NumPy savez _ compressed，代码如下：

程序清单 2-120
```
np. savez _ compressed('arrays _ compressed. npz',a = arr,b = arr)
```

通过 NumPy 中的 load、save 函数实现对数据的读/写操作，在一般的场景中应用较少，但这两个函数完整地构成了 NumPy 对象处理数据的功能闭环，还是需要加以熟悉。

2.7 利用数组进行数据处理

借助 NumPy 可以不需要编写复杂的循环语句，就可以将许多数据任务表述为简洁的数组表达式，这种用数组表达式代替循环的方法被称为矢量化。通常情况下，尤其是在进行各种数组计算时，矢量化数组运算要比等价的纯 Python 方式效率更快、可读性更高。

2.7.1　条件逻辑表述为数组运算

where 函数是三元表达式“x if condition else y”的矢量化版本。假设这里有一个布尔数组和两个值数组，代码如下：

程序清单　2-121

```
xarr = np.array([1.1, 1.2, 1.3, 1.4, 1.5])
yarr = np.array([2.1, 2.2, 2.3, 2.4, 2.5])
cond = np.array([True, False, True, True, False])
```

下面要根据 cond 中的值选取 xarr 和 yarr 的值：当 cond 中的值为 True 时选取 xarr 的值，否则从 yarr 中选取。列表推导式的写法如下方代码所示：

程序清单　2-122

```
result = [(x if c else y)
for x, y, c in zip(xarr, yarr, cond)]
result
```

代码执行结果是：

```
[1.1000000000000001, 2.2000000000000002, 1.3, 1.3999999999999999, 2.5]
```

需要解决两个问题：一方面它对大数组的处理速度不是很快（因为所有工作都是由纯 Python 完成的）；另一方面无法用于多维数组。若使用 np.where，则可以将该功能写得非常简洁，代码如下：

程序清单　2-123

```
result = np.where(cond, xarr, yarr)
result
array([ 1.1, 2.2, 1.3, 1.4, 2.5])
```

np.where 的第二个和第三个参数不必是数组，它们都可以是标量值。在数据分析工作中，where 通常用于根据另一个数组而产生一个新的数组。假设有一个由随机数据组成的矩阵，希望将所有正值替换为 2，将所有负值替换为 −2。若利用 np.where 则会非常简单，代码如下：

程序清单　2-124

```
arr = np.random.randn(4, 4)
arr
```

代码执行结果是：

```
array([[ -0.5031, -0.6223, -0.9212, -0.7262],
[ 0.2229, 0.0513, -1.1577, 0.8167],
[ 0.4336, 1.0107, 1.8249, -0.9975],
[ 0.8506, -0.1316, 0.9124, 0.1882]])
```

对数据新增条件判定，识别大于0的数据，代码如下：

程序清单 2-125

```
arr > 0
```

代码执行结果是：

```
array([[False, False, False, False],
[ True, True, False, True],
[ True, True, True, False],
[ True, False, True, True]], dtype = bool)
```

从以上输出中可以看出，整个数组变为布尔值索引形式，每个数据被一个是否大于0的表达式比较后的结果替代，它们可以作为下一步数据筛选的依据，从而进一步完善代码，代码如下：

程序清单 2-126

```
np. where(arr > 0, 2, -2)
```

代码执行结果是：

```
array([[ -2, -2, -2, -2], [ 2, 2, -2, 2], [ 2, 2, 2, -2], [ 2, -2, 2, 2]])
```

从以上输出中，可以看到用 ±2 替代了原来的布尔值。

使用 np. where 可以将标量和数组结合起来。例如，可用常数2替换 arr 中所有正值，代码如下：

程序清单 2-127

```
np. where(arr > 0,2,arr)   #用2替代大于0的值
```

代码执行结果是：

```
array([[ -0. 5031, -0. 6223, -0. 9212, -0. 7262],
[ 2. , 2. , -1. 1577, 2. ],
[ 2. , 2. , 2. , -0. 9975],
[ 2. , -0. 1316, 2. , 2. ]])
```

传递给 where 的数组大小可以不相等，甚至可以是标量值。

2.7.2 用于布尔型数组的方法

在上述这些方法中，布尔值会被强制转换为1（True）和0（False）。因此，sum 经常被用来对布尔型数组中的 True 值计数，代码如下：

程序清单 2-128

```
arr = np. random. randn(100)
(arr >0). sum()
```

代码执行结果是：

```
42
```

另外还有两个方法是 any 和 all，它们对布尔型数组非常有用。any 用于测试数组中是否存在一个或多个 True，而 all 则检查数组中所有值是否都是 True，代码如下：

程序清单　2-129

```
bools = np. array( [ False, False, True, False] )
bools. any( )
```

代码执行结果是：

```
True
```

从输出中可以看到，数组中有一个为真值则结果就返回真值。与之对等，all 函数则表示数组中所有值都为真才返回真值，代码如下：

程序清单　2-130

```
bools. all( )
```

代码执行结果是：

```
False
```

通过代码输出可以看出，数组中有一个元素值不为真，则返回的也是假，另外这两个方法也能用于非布尔型数组，所有非 0 元素将会被当作 True。

2.8　本章小结

本章介绍了 NumPy 的基础知识：数据类型和 NumPy 数组、改变数组维度的函数以及 NumPy 中的常用基本函数。在海量的多维数组上，NumPy 也具有明显的优势。涉及改变数组维度的操作有很多种，诸如组合、调整、设置维度和分割等，后续章节中将会对数据分析库 Pandas 进行讲解。

2.9　练习

1. NumPy 的优势是（　　）。

A. 快捷　　B. 面向对象　　C. 可扩展性　　D. 实用

2. NumPy 的数据类型有（　　）。

A. char　　B. int　　C. short　　D. long

3. NumPy 数组中的属性有（　　）。

A. unsigned char　　B. Ndarray. long　　C. Ndarray. char　　D. Ndarray. size

4. 下列函数中可以对 dtype 字符串数组进行操作的是（　　）。

A. add()　　B. strcpy()　　C. strchr()　　D. lstrip()

5. 下列 NumPy 数组中运算正确的是（　　）。

A. a//b　　B. a ** b　　C. a + +b　　D. a - b

6. NumPy 中的线性代数函数库 linalg 中，包含了（　　）函数。

A. long　　B. int　　C. inv　　D. inc

7. NumPy 切片的三个参数分别为起始值、终止值和（　　）。

A. 横长　　B. 步长　　C. 列长　　D. 中长

8. 字符串函数中 center()函数的作用是（　　）。

A. 返回按元素多连接后的字符串

B. 居中字符串

C. 将字符串的第一个字母转换为大写

D. 返回将元素转换为小写的数组

9. NumPy 中的线性代数函数库 linalg 中，inv 函数的作用是（　　）。

A. 求解线性矩阵方程

B. 数组的行列式

C. 两个数组的内积

D. 计算矩阵的乘法逆矩阵

10. 数组类型中 float32 代表的是（　　）。

A. 半精度浮点数

B. 单精度浮点数

C. 双精度浮点数

D. 全精度浮点数

第3章 Chapter 3

Pandas入门

本章学习目标

- 掌握 Pandas 中 Series 和 DataFrame 对象
- 掌握 Pandas 中数据存取方式
- 掌握 Pandas 中 Series 和 DataFrame 对象常用函数及使用方法

Pandas 是 Python 数据分析库，于 2009 年底开源，提供类似二维表格格式的数据结构（DataFrame）对象，用户可快速上手并使用 Python 进行数据分析。同时，由于 Pandas 底层是基于 C 语言实现的，所以其性能也非常高。Pandas 的主要特色有以下几点：

1）在数据的读取、转换和处理上，都使分析人员更容易处理。

2）Pandas 提供两种主要的数据结构，即 Series 和 DataFrame：Series 用来处理时间序列相关的数据，主要建立索引的一维阵列；DataFrame 则是用来处理类似于表结构的数据结构，有列索引与标题的二维结构。

3）通过使用 Pandas 中相应的数据结构，用户可以快速地进行数据的处理，比如补充缺失值、分组、求和、空值或者取代等。

3.1 Pandas 介绍

Pandas 是专业数据分析的开源 Python 库。目前，所有使用 Python 语言进行数据分析、科学计算等工作的专业人士，都会使用 Pandas 作为他们的基础工具。Pandas 提供了数据处理、数据提取和数据操作的全部工具。

Pandas 选择 NumPy 作为基础库进行设计，这对于 Pandas 的成功有着非常重大的意义，因为基于 NumPy 设计不仅使 Pandas 能和大多数 Python 模块兼容，同时借用了 NumPy 在计算方面的性能优势。

Pandas 针对数据分析自定义了两个数据结构，即 Series 和 DataFrame。用 Pandas 进行分析的过程中会发现有很多和 SQL 数据库、Excel 工作表的相同之处。

Pandas 不同的版本之间存在一定的差异，为此，在使用 Pandas 前需要清楚安装的是哪一个版本的 Pandas。下面通过代码查看一下当前环境的 Pandas 版本，但首先要安装 Pandas 模块，Pandas 的安装是通过 pip install 命令完成的，语法如下：pip install pandas。查看 Pandas 模块的版本代码如下：

程序清单 3-1

```
import pandas as pd
pd.__version__
```

Pandas 的两大核心数据结构是 Seires 和 DataFrame，Python 数据分析都是围绕着这两大数据结构开展工作的。Series 主要用于存储带序列的一维数据，DataFrame 作为更复杂的数据结构可存储多维数据。在实际分析工作中，这两种数据结构并不能解决所有问题，但它们为数据分析提供了高效和强大的工具。就实用性而言，它们非常容易理解，使用也非常方便。此外，很多复杂的数据结构中都可以看到这两种数据结构的身影。

3.2 Pandas 数据结构 Series

Series 可以简单地被认为是一维的数组，但 Series 和一维数组最主要的区别在于 Series 类型具有索引（index）对象。从内部结构看，可以把 Series 理解成两个有关联的数组组成的新对象。

3.2.1 创建 Series 对象

创建 Series 对象是通过 Pandas. Series（data，index = index，name = name）方法来实现的，其中 data 参数为 Series 对象中的值，index 为 Series 的索引，name 为 Series 的名称。以下给出创建 Series 的案例代码，通过数组创建 Series：

程序清单 3-2

```
price = [1.1, 1.2, 1.3, 1.4, 1.5]
price_series = pd.Series(price)
price_series
```

代码执行结果是：

```
0    1.1
1    1.2
2    1.3
3    1.4
4    1.5
dtype: float64
```

从 Series 对象的输出结果可以看出，左侧自动生成了一列标签，右侧是对应的值。声明 Seires 对象时，默认从零开始依次递增的值作为标签，这种情况下这一列标签与数组或列表中的下标是一致的。

Series 对象在创建时可通过 index 参数指定有意义的标签，用于区分和识别每个元素，这样在访问元素时就不用知道对应元素的顺序了。以下代码是创建 Series 对象时指定 index 参数的示例，通过如下代码就可以很清楚地知道每一种水果的价格：

程序清单 3-3

```
price_series = pd.Series(price, index = ['apple', 'orange', 'grape', 'pear', 'pitaya'])
price_series
```

代码执行结果是：

```
apple     1.1
orange    1.2
grape     1.3
pear      1.4
pitaya    1.5
dtype: float64
```

通过上面的代码可以把 Series 对象看成由两个数组组成，前面的数组称为索引，后面的数组称为 Series 对象的值。如果想分别查看这两个数组，可以通过 index 属性查看索引、values 属性查看值。通过 index 属性查看索引，代码如下：

程序清单 3-4

```
price_series.index
```

代码执行结果是：

```
Index(['apple', 'orange', 'grape', 'pear', 'pitaya'], dtype = 'object')
```

通过 values 属性查看值，代码如下：

程序清单 3-5

```
price_series.values
```

代码执行结果是：

```
array([1.1, 1.2, 1.3, 1.4, 1.5])
```

创建 Series 的另一个可选参数是 name，用于指定 Series 的名称，可用 Series.name 查看 Series 的名称。在 DataFrame 中，每一列的列名在该列被单独提取出来时就成了 Series 的名称。创建 Series 对象时设置 name 参数，代码如下：

程序清单 3-6

```
price_series = pd.Series(price, index = ['apple', 'orange', 'grape', 'pear', 'pitaya'],name = 'fruits_price')
price_series
```

代码执行结果是：

```
apple       1.1
orange      1.2
grape       1.3
pear        1.4
pitaya      1.5
Name: fruits_price, dtype: float64
```

查看 Series 对象的 name 属性即 Series 的名称，代码如下：

程序清单 3-7

```
price_series.name
```

代码执行结果是：

```
'fruits_price'
```

Series 还可以从 Python 字典对象（dict）创建，如果使用字典对象创建 Series 时，Series 的索引不必和数据长度相同。通过字典创建 Series 对象，代码如下：

程序清单 3-8

```
fruit_price_dict = {'apple': 1.1, 'orange': 1.2, 'grape': 1.3, 'pear': 1.4, 'pitaya': 1.5}
price_series = pd.Series(fruit_price_dict)
price_series
```

代码执行结果是：

```
apple       1.1
orange      1.2
grape       1.3
pear        1.4
pitaya      1.5
dtype: float64
```

通过字典创建 Series，index 长度不必和字典长度相同，代码如下：

程序清单 3-9

```
price_series = pd.Series(fruit_price_dict, index = ['apple', 'pear', 'banana'])
price_series
```

代码执行结果是：

```
apple       1.1
pear        1.4
banana      NaN
dtype: float64
```

通过以上代码可以观察到两点：一是通过字典创建的 Series，在默认情况下 keys 会变成 Seires 对象的索引，values 会变成 Series 对象的值；二是 index 长度可以和字典长度不同，数据会按 index 的顺序重新排列，如果 index 多，Pandas 将自动为多余的 index 分配 NaN（Not a Number，pandas 中数据缺失的标准记号）；如果 index 少，就截取对应部分的字典内容。

3.2.2　Series 数据的访问

由于 Series 内部使用了数组结构，所以 Series 的操作方式和 NumPy 中的 ndarray 操作十分相似，也可以像 Python 中的字典一样，使用下标操作数据。若想获取 Series 内部元素，可把 Series 对象看作 NumPy 数组或 Python 列表，指定下标即可，也可通过索引或标签进行访问。以下代码为使用下标的方式访问 Series 对象中的元素，代码如下：

程序清单　3-10

```
fruit_price_dict = {'apple': 1.1, 'orange': 1.2, 'grape': 1.3,
                    'pear': 1.4, 'pitaya': 1.5}
price_series = pd.Series(fruit_price_dict)
price_series[0]
```

代码执行结果是：

```
1.1
```

使用索引的方式访问 Series 对象中的元素，代码如下：

程序清单　3-11

```
price_series['apple']
```

代码执行结果是：

```
1.1
```

与 NumPy 和 Python 列表相同，Series 支持通过下标一次访问多个元素，也可以通过多个标签访问多个元素。以下代码为使用下标的方式一次访问多个元素：

程序清单　3-12

```
price_series[[0,1,2]]
```

代码执行结果是：

```
apple     1.1
orange    1.2
grape     1.3
dtype: float64
```

使用索引的方式一次访问多个元素，代码如下：

程序清单 3-13

```
price_series[['apple','orange','grape']]
```

代码执行结果是：

```
apple     1.1
orange    1.2
grape     1.3
dtype: float64
```

和 Python 列表一样，Series 也可以使用切片的方式访问数据元素，代码如下：

程序清单 3-14

```
price_series[0:2]
```

代码执行结果是：

```
apple     1.1
orange    1.2
dtype: float64
```

按索引切片的方式访问数据元素，代码如下：

程序清单 3-15

```
price_series['apple':'grape']
```

代码执行结果是：

```
apple     1.1
orange    1.2
grape     1.3
dtype: float64
```

Series 的切片和列表的切片也有些不同，Series 切片支持使用字符串切片，在使用字符串切片时，数据包含切片末尾索引所对应的值；Series 的值也是可以改变的，可通过索引进行赋值。首先创建 Series 对象，代码如下：

程序清单 3-16

```
s = pd.Series(np.arange(5),index = ['apple', 'orange', 'grape', 'pear', 'pitaya'])
s
```

代码执行结果是：

```
apple     0
orange    1
grape     2
pear      3
pitaya    4
dtype: int64
```

通过索引修改值，代码如下：

程序清单　3-17

```
s['apple'] = 100
s
```

代码执行结果是：

```
apple     100
orange    1
grape     2
pear      3
pitaya    4
dtype: int64
```

修改多个 Series 元素，代码如下：

程序清单　3-18

```
price_series[['apple','orange','grape']] = [101,102,103]
price_series
```

代码执行结果是：

```
apple     101.0
orange    102.0
grape     103.0
pear      1.4
pitaya    1.5
dtype: float64
```

通过切片以及常量赋值，代码如下：

程序清单　3-19

```
price_series[:] = 1
price_series
```

代码执行结果是：

```
apple     1.0
orange    1.0
grape     1.0
pear      1.0
pitaya    1.0
dtype: float64
```

3.2.3 通过 NumPy 和其他 Series 对象定义新的 Series 对象

可使用 NumPy 数组或已有的 Series 对象创建一个新的 Series。首先需要创建 ndarray 类型对象：

程序清单 3-20

```
arr = np.arange(0,6)
arr
```

代码执行结果是：

```
array([0, 1, 2, 3, 4, 5])
```

通过 ndarray 类型对象生成 Series 对象，代码如下：

程序清单 3-21

```
ser1 = pd.Series(arr)
ser1
```

代码执行结果是：

```
0    0
1    1
2    2
3    3
4    4
5    5
dtype: int64
```

通过一个 Series 对象生成另一个 Series 对象，代码如下：

程序清单 3-22

```
ser2 = pd.Series(ser1)
ser2
```

代码执行结果是：

```
0    0
1    1
2    2
3    3
4    4
5    5
dtype: int64
```

通过 ndarray 类型对象或 Series 类型对象生成的新的 Series 对象并不是新的副本，而是对原来的 ndarray 类型对象或 Series 类型对象的一个引用。也就是说，新的 Series 对象中的相关索引或值是动态插入的，当原来的 ndarray 类型对象或 Series 类型对象发生改变时，新的 Series 类型对象也会发生相应的改变。

修改 ndarray 类型对象时，相应的 Series 类型对象值也发生改变，代码如下：

程序清单　3-23

```
arr[0] = 100
ser1
```

代码执行结果是：

```
0    100
1      1
2      2
3      3
4      4
5      5
dtype: int64
```

程序清单　3-24

```
ser2
```

代码执行结果是：

```
0    100
1      1
2      2
3      3
4      4
5      5
dtype: int64
```

修改通过引用创建的 Series，其引用的 Series 对象和 ndarray 类型对象值对应地发生改变，代码如下：

程序清单 3-25

```
ser1[0] = 1000
ser2
```

代码执行结果是：

```
0    1000
1       1
2       2
3       3
4       4
5       5
dtype: int64
```

程序清单 3-26

```
arr
```

代码执行结果是：

```
array([1000,1,2,3,4,5])
```

通过上述例子，发现通过 ndarray 类型对象或 Series 对象创建的新的 Series 对象其实是一个引用，对其中某一个对象进行修改，其他的对象也会跟着发生改变。

3.2.4 Series 的元素判断和过滤

Pandas 其实是对 NumPy 的扩展，NumPy 具备的很多功能，Pandas 相应地也具备。其实 Pandas 的元素判断和过滤在功能和使用上几乎和 NumPy 一样。如要判断 Series 中的元素是否大于 3 与过滤大于 3 的元素可使用如下代码，首先创建 Series 对象：

程序清单 3-27

```
s = pd.Series(np.arange(5),index = ['apple', 'orange','grape', 'pear', 'pitaya'])
s
```

代码执行结果是：

```
apple     0
orange    1
grape     2
pear      3
pitaya    4
dtype: int64
```

判断 Series 对象中的元素是否大于 3，代码如下：

程序清单　3-28

```
s > 3
```

代码执行结果是：

```
apple     False
orange    False
grape     False
pear      False
pitaya    True
dtype: bool
```

过滤 Series 对象中大于 3 的元素，代码如下：

程序清单　3-29

```
s[s>3]
```

代码执行结果是：

```
pitaya    4
dtype: int64
```

3.2.5　Series 的元素组成

Series 对象中一般会包含重复元素，若想知道某一个元素出现的次数或判断某个元素是否在 Series 中，通过几个简单的函数便可实现。声明一个包含重复元素的 Series 对象，代码如下：

程序清单　3-30

```
ser = pd.Series([1, 1, 2, 2, 3, 4])
ser
```

代码执行结果是：

```
0    1
1    1
2    2
3    2
4    3
5    4
dtype: int64
```

要对 Series 对象中的元素进行去重操作，可使用 unique( ) 函数，其返回结果是一个

ndarray 类型对象，包含 Series 对象中去重后的元素，代码如下：

程序清单 3-31

```
ser.unique()
```

代码执行结果是：

```
array([1, 2, 3, 4])
```

统计 Series 对象中每个元素出现的次数，可使用 value_counts()函数。它不仅可对元素进行去重操作，还能获取每个元素的出现次数，代码如下：

程序清单 3-32

```
ser.value_counts()
```

代码执行结果是：

```
2    2
1    2
4    1
3    1
dtype: int64
```

判断 Series 对象中的元素是否在某一个集合中，可使用 isin()函数，其返回结果是一个 bool 类型的 Series 对象，也可用 isin()函数过滤 Series 或 DataFrame 中的数据，代码如下：

程序清单 3-33

```
ser.isin([1, 3, 5])
```

代码执行结果是：

```
0    True
1    True
2    False
3    False
4    True
5    False
dtype:bool
```

对 Series 对象中的元素进行过滤，代码如下：

程序清单 3-34

```
ser[ser.isin([1, 3, 5])]
```

代码执行结果是：

```
0    1
1    1
4    3
dtype: int64
```

3.2.6　Series 的计算

Series 也支持 NumPy 数组运算（如根据布尔类型数组进行过滤、标量乘法、应用数学函数），都会保留索引和值之间的连接。

程序清单　3-35

```
s = pd.Series([1,3,-9,6],index = ['a','b','d','f'])
s
```

代码执行结果是：

```
a    1
b    3
d   -9
f    6
dtype: int64
```

过滤 Series 对象中大于 0 的元素，代码如下：

程序清单　3-36

```
s[s > 0]
```

代码执行结果是：

```
a    1
b    3
f    6
dtype: int64
```

对 Series 对象中的元素计算平方值，代码如下：

程序清单　3-37

```
s ** 2
```

代码执行结果是：

```
a    1
b    9
d    81
f    36
dtype: int64
```

也可以使用 NumPy 数学函数运算，首先将 NumPy 模块导入工程，并且重命名为 np，将 Series 对象作为参数传入，代码如下：

程序清单 3-38

```
import numpy as np
np.log(s)
```

代码执行结果是：

```
a    0.000000
b    1.098612
d    NaN
f    1.791759
dtype: float64
```

Pandas 还支持 Series 对象之间的计算，Series 对象会在算术运算中自动对齐不同索引值的数据。首先声明 Series 对象，代码如下：

程序清单 3-39

```
obj = pd.Series([2000,2200,2300,2400],index = ['a','b','c','d'])
obj2 = pd.Series([2000,3000,4000,1890],index = ['f','b','c','e'])
obj
```

代码执行结果是：

```
a    2000
b    2200
c    2300
d    2400
dtype: int64
```

程序清单 3-40

```
obj2
```

代码执行结果是：

```
f      2000
b      3000
c      4000
e      1890
dtype：int64
```

进行两个 Series 对象加运算，代码如下：

程序清单　3-41

```
obj4 = obj + obj2
obj4
```

代码执行结果是：

```
a      NaN
b      5200.0
c      6300.0
d      NaN
e      NaN
f      NaN
dtype：float64
```

由于索引 a、d、e、f 找不到对应的数据，索引结果为 NaN，Pandas 中使用 NA 或者 NaN 表示缺失数据，Pandas 使用 isnull 方法或者 notnull 方法分别来检测 Series 中的缺失数据或非缺失数据，代码如下：

程序清单　3-42

```
obj4
```

代码执行结果是：

```
a      NaN
b      5200.0
c      6300.0
d      NaN
e      NaN
f      NaN
dtype：float64
```

通过 isnull 方法检测 Series 中的缺失数据，代码如下：

程序清单　3-43

```
pd.isnull(obj4)
```

代码执行结果是：

```
a    True
b    False
c    False
d    True
e    True
f    True
dtype: bool
```

通过 notnull 方法检测 Series 中的非缺失数据，代码如下：

程序清单 3-44

```
pd.notnull(obj4)
```

代码执行结果是：

```
a    False
b    True
c    True
d    False
e    False
f    False
dtype: bool
```

使用布尔索引来过滤相应的元素，代码如下：

程序清单 3-45

```
obj4[~pd.isnull(obj4)]
```

代码执行结果是：

```
b    5200.0
c    6300.0
dtype: float64
```

3.3 Pandas 数据结构 DataFrame

在学习 DataFrame 之前，先了解一下其特性。DataFrame 可看成是多个 Series 按列合并而成的二维数据结构，每一列单独取出来是一个 Series 对象，这和从 SQL 数据库中取出数据是类似的。所以，按列对一个 DataFrame 进行处理更为方便，用户在编程中应培养按列构建数据的思维。DataFrame 的优势在于可以方便地处理不同类型的列，因此，不需要考虑如何对一个全是浮点数的 DataFrame 求逆之类的问题，这种类型的问题交给 NumPy 处理更便利一些。

DataFrame 的格式和工作表（如 Excel）非常类似，它其实是将 Series 由一维扩展到了多维。DataFrame 也可理解为由 Series 组成的字典，字典的键就是 DataFrame 的列名，Series 的值为 DataFrame 的值。

3.3.1　创建 DataFrame

DataFrame 是一个基于二维表格式的数据结构，它含有一组有序的列，每列的值类型可以不同（数值、字符串、布尔值等）。DataFrame 既有列索引也有行索引，它可以看作由 Series 组成的字典（共用同一个索引）。DataFrame 中的数据是以一个或多个二维块存放的（而不是列表、字典或别的一维数据结构）。创建 DataFrame 实例可以使用 Pandas. DataFrame（data、index、columns）构造函数，该函数共有参数十几个，这里只列出三个常用参数：

1）data：取数格式，常用输入类型有 dict、ndarray、list、series 等。

2）index：行标签。

3）columns：列标签。

DataFrame 可以通过值是数组的字典创建，但是字典里面各个数组的长度需要相同，代码如下：

程序清单　3-46

```
stu_dict = {'name': ['张三', '李四', '王五', '小明'], 'stuNo': [1, 2, 3, 4]}
stu_df = pd.DataFrame(stu_dict, index = ['a', 'b', 'c', 'd'])
stu_df
```

代码执行结果是：

```
    name  stuNo
a   张三    1
b   李四    2
c   王五    3
d   小明    4
```

DataFrame 未指定 index 参数时，会自动加上索引（与 Series 一样），且列会被有序排列，如果使用的是 Jupyter Notebook，DataFrame 对象会以对浏览器友好的 HTML 表格的方式呈现。以下是通过数组的方式创建 DataFrame 对象，数组中的元素是字典类型，代码如下：

程序清单　3-47

```
stu_dict = [{'name': '张三', 'stuNo': 1},
            {'name': '李四', 'stuNo': 2},
            {'name': '王五', 'stuNo': 3},
            {'name': '小明', 'stuNo': 4}]
stu_df = pd.DataFrame(stu_dict)
stu_df
```

代码执行结果是:

```
    name   stuNo
0   张三    1
1   李四    2
2   王五    3
3   小明    4
```

Series 能够保存任何类型数据（整数、字符串、浮点数、Python 对象等）。DataFrame 中又可以将 Series 理解为“一列数据”，可以通过 Series 来构建 DataFrame，代码如下：

程序清单 3-48

```
stu_names = pd.Series(['张三', '李四', '王五', '小明'], index = [1,2,3,4])
stu_nos = pd.Series([1, 2, 3, 4], index = [1,2,3,5])
stu_dict = {'name': stu_names, 'stuNo': stu_nos}
stu_df = pd.DataFrame(stu_dict)
stu_df
```

代码执行结果是:

```
    name   stuNo
1   张三    1.0
2   李四    2.0
3   王五    3.0
4   小明    NaN
5   NaN    4.0
```

通过运行结果可以发现，索引超过的地方，没有数据就会自动填补 NaN（缺失值）。另一种创建 DataFrame 的方法十分有用，那就是使用 concat 函数基于 Series 或者 DataFrame 创建一个 DataFrame，代码如下：

程序清单 3-49

```
stu_name = pd.Series(['张三', '李四', '王五', '小明'])
stu_no = pd.Series([1, 2, 3, 4])
stu_df = pd.concat([stu_name, stu_no], axis = 1)
stu_df
```

代码执行结果是:

```
     0    1
0   张三   1
1   李四   2
2   王五   3
3   小明   4
```

其中的 axis = 1 表示按列进行合并，而 axis = 0 表示按行合并，并且 Series 都处理成一列，所以这里如果 axis = 0 的话，将得到一个 8 × 1 的 DataFrame。下面的程序展示了如何按行合并 DataFrame 形成一个大的 DataFrame，代码如下：

程序清单　3-50

```
stu_dict1 = [{'name': '张三', 'stuNo': 1}, {'name': '李四', 'stuNo': 2}]
stu_df1 = pd.DataFrame(stu_dict1)
stu_dict2 = [{'name': '王五', 'stuNo': 3}, {'name': '小明', 'stuNo': 4}]
stu_df2 = pd.DataFrame(stu_dict2)
pd.concat([stu_df1, stu_df2], axis =0)
```

代码执行结果是：

```
   name  stuNo
0  张三    1
1  李四    2
0  王五    3
1  小明    4
```

创建 DataFrame 对象时，也可以通过 columns 参数指定 DataFrame 的列名，代码如下：

程序清单　3-51

```
pd.DataFrame(np.arange(16).reshape(4,4),
             index = ['row1','row2','row3','row4'],
             columns = ["col1","col2","col3",'col4'])
```

代码执行结果是：

```
      col1  col2  col3  col4
row1   0     1     2     3
row2   4     5     6     7
row3   8     9     10    11
row4   12    13    14    15
```

实战项目开发中，往往会将数据从具体的数据源中直接导入生成 DataFrame 对象，然后进行相应的数据分析工作，常用方法为 pandas.read_csv（filename、sep、header、encoding），其参数为：

1）filename：文件路径，可以设置为绝对路径或相对路径。

2）sep：分隔符，常用的有逗号分隔和 \t 分隔，默认逗号分隔。

3）header：是否有列名，默认“有”。

4）encoding：文件编码方式，常用的有 UTF-8、GBK（UTF-8 包含基本上所有国家需要用到的字符，当然也支持中文字符，GBK 包含全部中文字符）。

具体的使用方法如下：

程序清单 3-52

```
path = "orders.tsv"
orders = pd.read_csv(path,sep = "\t")
orders.head(5)
```

读取数据源生成 DataFrame 代码结果如图 3-1 所示。

	order_id	quantity	item_name	choice_description	item_price
0	1	1	Chips and Fresh Tomato Salsa	NaN	$ 2.39
1	1	1	Izze	[Clementine]	$ 3.39
2	1	1	Nantucket Nectar	[Apple]	$ 3.39
3	1	1	Chips and Tomatillo-Green Chili Salsa	NaN	$ 2.39
4	2	2	Chicken Bowl	[Tomatillo-Red Chili Salsa (Hot), [Black Beans…	$ 16.98

图 3-1　读取 csv 文件数据并生成 DataFrame

3.3.2 DataFrame 数据的访问

DataFrame 可以从数据集中获取不同列的数据，常用的获取数据的方式可以通过 DataFrame.column_name 选取列，也可以使用 DataFrame [column_name] 选取列，前一种方法只能选取一列，而后一种方法可以选择多列。若 DataFrame 没有列名，可以使用非负整数也就是“下标”选取列；若有列名，则必须使用列名选取，另外 DataFrame.column_name 在没有列名的时候是无效的。

首先定义一个 DataFrame 对象，代码如下：

程序清单 3-53

```
df = pd.DataFrame(np.arange(16).reshape(4,4),
                  index = ['row1','row2','row3','row4'],
                  columns = ["col1","col2","col3",'col4'])
df
```

代码执行结果是：

```
      col1  col2  col3  col4
row1   0     1     2     3
row2   4     5     6     7
row3   8     9     10    11
row4   12    13    14    15
```

通过 DataFrame.column_name 方式访问某一列：

程序清单 3-54

```
df.col1
```

代码执行结果是：

```
row1    0
row2    4
row3    8
row4    12
Name: col1, dtype: int64
```

通过 DataFrame [column_name] 的方式访问某一列：

程序清单　3-55

```
df['col1']
```

代码执行结果是：

```
row1    0
row2    4
row3    8
row4    12
Name: col1, dtype: int64
```

通过 type 函数查看某一列的类型，得知 DataFrame 中某一列的类型为 Series：

程序清单　3-56

```
type(df['col1'])
```

代码执行结果是：

```
pandas.core.series.Series
```

通过 DataFrame [[column_name1, column_name2]] 的方式访问多列：

程序清单　3-57

```
df[['col1', 'col2']]
```

代码执行结果是：

```
      col1  col2
row1   0     1
row2   4     5
row3   8     9
row4  12    13
```

通过以上代码能发现，单独取一列的数据类型是 Series，取两列及两列以上的结果类型是 DataFrame。访问特定的元素可以像 Series 一样使用下标或者是索引：

程序清单 3-58

```
df['col1']['row1']
```

代码执行结果是：

```
0
```

3.3.3 DataFrame 基础信息查看

DataFrame 常用的数据查看方法见表 3-1。

表 3-1 DataFrame 常用的数据查看方法

属性或者方法	描述
head (n)	查看前 *n* 行
tail (n)	查看后 *n* 行
shape()	查看行数和列数
size	查看基础数据中的元素个数
values	将选定的数据作为 ndarray 返回
index	查看索引
columns	查看列

如果 DataFrame 数据量特别大，数据行数特别多，notebook 不会显示全部数据集，可以使用 head (n) 方法来查看前 *n* 行的数据，也可以使用 tail (n) 查看后 *n* 行的数据。例如，使用 head 函数查看前 5 行数据：

程序清单 3-59

```
path = "orders.tsv"
orders = pd.read_csv(path,sep = "\t")
orders.head(5)
```

代码结果如图 3-2 所示。

	order_id	quantity	item_name	choice_description	item_price
0	1	1	Chips and Fresh Tomato Salsa	NaN	$ 2.39
1	1	1	Izze	[Clementine]	$ 3.39
2	1	1	Nantucket Nectar	[Apple]	$ 3.39
3	1	1	Chips and Tomatillo-Green Chili Salsa	NaN	$ 2.39
4	2	2	Chicken Bowl	[Tomatillo-Red Chili Salsa (Hot), [Black Beans…	$ 16.98

图 3-2 head 方法查看前 5 行数据

DataFrame 包含两个重要的属性：一个是 index 属性，另一个是 columns 属性。index 属性表示 DataFrame 的索引对象，Pandas 的索引对象负责管理索引标签和其他元数据（比如轴名称等）。构建 Series 或 DataFrame 时，所用到的任何数组或其他序列的标签都会被转换成一个 index，运行下列代码：

程序清单 3-60

```
s = pd.Series(np.arange(5),index = ['apple', 'orange', 'grape', 'pear', 'pitaya'])
s.index
```

代码执行结果是：

```
Index(['apple', 'orange', 'grape', 'pear', 'pitaya'], dtype = 'object')
```

程序清单 3-61

```
df = pd.DataFrame(np.arange(16).reshape(4,4),
                  index = ['row1','row2','row3','row4'],
                  columns = ["col1","col2","col3",'col4'])
df.index
```

代码执行结果是：

```
Index(['row1', 'row2', 'row3', 'row4'], dtype = 'object')
```

index 对象是不可变的，因此用户不能对其进行修改，正因为如此，不可变可以使 index 对象在多个数据结构之间安全共享。首先声明 index 对象：

程序清单 3-62

```
labels = pd.Index(np.arange(3))
labels
```

代码执行结果是：

```
Int64Index([0,1,2], dtype = 'int64')
```

访问 index 对象中某一个元素：

程序清单 3-63

```
labels[0]
```

代码执行结果是：

```
0
```

由于 index 对象是不可变的，修改操作会报错：

程序清单 3-64

```
labels[0] = 1
```

Series 对象提供几种方法返回关键索引信息，如 idmin()和 idmax()分别返回最小值和最大值的索引，下面代码实现返回最小值的索引：

程序清单 3-65

```
s = pd.Series(np.arange(5),index = ['apple', 'orange','grape', 'pear', 'pitaya'])
s.idxmin()
```

代码执行结果是：

```
'apple'
```

返回最大值的索引：

程序清单 3-66

```
s.idxmax()
```

代码执行结果是：

```
'pitaya'
```

index 对象除了类似于数组，功能也类似一个固定大小的集合，与 Python 的集合不同，Pandas 的 index 可以包含重复的标签，每个索引都有一些方法和属性，见表 3-2。

表 3-2 索引常用方法及属性

方 法	属 性
append	连接另一个 index 对象，产生新的 index 对象
difference	计算差集，并得到一个新的 index 对象
intersection	计算交集
union	计算并集
isin	计算指标值是否包含在参数序列中
delete	删除索引处的值，并返回一个新的 index
drop	删除传入的值，并得到一个新的 index 对象
insert	将元素插入到索引处，并得到一个新的值
is_monotonic	当各个元素均大于前一个元素时，返回 True
is_unique	当 index 没有重复时，返回 True
unique	计算 index 中没有重复的值

声明带有重复索引的 Series 对象：

程序清单 3-67

```
s = pd.Series(np.arange(5),index = ['apple', 'apple','grape', 'grape', 'pitaya'])
```

代码执行结果是：

```
apple     0
apple     1
grape     2
grape     3
pitaya    4
dtype: int64
```

对 index 对象中的元素去重：

程序清单　3-68

```
s.index.unique()
```

代码执行结果是：

```
Index(['apple', 'grape', 'pitaya'], dtype='object')
```

判断 index 对象中的元素是否在某一个集合内：

程序清单　3-69

```
s.index.isin(['apple', 'orange'])
```

代码执行结果是：

```
array([ True,True, False, False, False])
```

index 对象虽然不可改变，但是执行更换索引的方式能实现改变 index 的效果。

程序清单　3-70

```
s = pd.Series(np.arange(5),index = ['a', 'b', 'c', 'd', 'e'])
s.reindex(['a', 'b', 'c', 'three', 'four'])
```

代码执行结果是：

```
a        0.0
b        1.0
c        2.0
three    NaN
four     NaN
dtype: float64
```

从以上结果可以看到，标签的顺序全部被重新调整，删除了一些标签，并添加了一些新标签。查看 DataFrame 的列信息即 columns 属性，columns 其实也是一个 index。

程序清单 3-71

```
df = pd.DataFrame(np.arange(16).reshape(4,4),
                  index = ['row1','row2','row3','row4'],
                  columns = ["col1","col2","col3",'col4'])
df.columns
```

代码执行结果是：

```
Index(['col1', 'col2', 'col3', 'col4'], dtype = 'object')
```

程序清单 3-72

```
type(df.columns)
```

代码执行结果是：

```
pandas.core.indexes.base.Index
```

实际开发中经常需要修改 DataFrame 的列名或者索引，可通过 rename( ) 函数实现此功能，其中 columns 参数代表要对列名进行修改。在 Python3 的 Pandas 库里面，与列名有关的一般都是用 columns，而不是用 names。在 columns 参数的类型是字典，键代表原列名，值代表新列名，不需要修改的列名不需要列出来，它们默认不会被修改。也可以添加参数 inplace = True 来直接替换掉原有 DataFrame，这样就不需要重新赋值了。修改索引与修改列名类似，只是参数名是 index。

修改列名：

程序清单 3-73

```
df = pd.DataFrame(np.random.randn(10, 4), columns = ['A', 'B', 'C', 'D'])
df.rename(columns = {'A':'AA'}, inplace = True)
df
```

代码结果如图 3-3 所示。

	AA	B	C	D
0	-1.057576	-0.108140	-0.075616	0.301262
1	-0.015071	0.136763	-0.976958	1.257607
2	1.266721	-0.869940	-0.737891	-2.221477
3	-0.688177	1.392429	-0.648565	-1.068600
4	-0.655633	-0.177208	0.814275	0.635968
5	0.358134	1.303387	-0.858787	0.195690
6	-1.392218	1.256191	-1.107224	-1.011440
7	-1.210973	1.056306	-0.965446	2.854266
8	-1.483862	-1.148739	-2.134066	-1.042187
9	-0.199785	-1.197936	-0.904994	0.225627

图 3-3 修改列名

修改行索引名：

程序清单　3-74

```
df.rename(index = {1:"AAA",2:'BBB'})
```

代码结果如图 3-4 所示。

	AA	B	C	D
0	-1.057576	-0.108140	-0.075616	0.301262
AAA	-0.015071	0.136763	-0.976958	1.257607
BBB	1.266721	-0.869940	-0.737891	-2.221477
3	-0.688177	1.392429	-0.648565	-1.068600
4	-0.655633	-0.177208	0.814275	0.635968
5	0.358134	1.303387	-0.858787	0.195690
6	-1.392218	1.256191	-1.107224	-1.011440
7	-1.210973	1.056306	-0.965446	2.854266
8	-1.483862	-1.148739	-2.134066	-1.042187
9	-0.199785	-1.197936	-0.904994	0.225627

图 3-4　修改行索引名

添加新的一列，可以直接指定列名，然后赋值即可：

程序清单　3-75

```
df['new_col1'] = range(len(df))
df['new_col2'] = np.repeat(np.nan,len(df))
df['random3'] = np.random.rand(len(df))
df['index_as_col4'] = df.index
```

Pandas 也提供了一个用于删除操作的函数 drop()，它会返回已删除索引之后的新对象，根据标签删除 Series 中元素的实现代码如下：

程序清单　3-76

```
s = pd.Series(np.arange(5),index = ['a', 'b', 'c', 'd', 'e'])
s.drop('a')
```

代码执行结果是：

```
b    1
c    2
d    3
e    4
dtype: int64
```

根据多个标签删除 Series 中的元素：

程序清单　3-77

```
s.drop(['a', 'b'])
```

代码执行结果是：

```
c    2
d    3
e    4
dtype: int64
```

创建一个 DataFrame 对象：

程序清单 3-78

```
df = pd.DataFrame(np.arange(16).reshape(4,4),
                  index = ['row1','row2','row3','row4'],
                  columns = ["col1","col2","col3",'col4'])
df
```

代码执行结果是：

```
      col1  col2  col3  col4
row1  0     1     2     3
row2  4     5     6     7
row3  8     9     10    11
row4  12    13    14    15
```

通过 drop 函数删除某一行：

程序清单 3-79

```
df.drop('row1')
```

代码执行结果是：

```
      col1  col2  col3  col4
row2  4     5     6     7
row3  8     9     10    11
row4  12    13    14    15
```

删除多行数据：

程序清单 3-80

```
df.drop(['row1', 'row2'])
```

代码执行结果是：

```
      col1  col2  col3  col4
row3  8     9     10    11
row4  12    13    14    15
```

通过指定 axis 参数等于 1，删除某一列：

程序清单　3-81

```
df.drop('col1', axis=1)
```

代码执行结果是：

```
      col2  col3  col4
row1  1     2     3
row2  5     6     7
row3  9     10    11
row4  13    14    15
```

删除多列：

程序清单　3-82

```
df.drop(['col1', 'col2'], axis=1)
```

代码执行结果是：

```
      col3  col4
row1  2     3
row2  6     7
row3  10    11
row4  14    15
```

3.3.4　DataFrame 数据的选取和过滤

在 DataFrame 中可以使用索引和切片的方式来访问数据，但要注意：利用标签的切片运算与普通的 Python 列表切片不同，其末端是包含在内的。首先创建 DataFrame 对象：

程序清单　3-83

```
df = pd.DataFrame(np.arange(16).reshape(4,4),columns = list("abcd"))
df
```

代码执行结果是：

```
   a   b   c   d
0  0   1   2   3
1  4   5   6   7
2  8   9   10  11
3  12  13  14  15
```

在 DataFrame 对象中选取一列数据：

程序清单 3-84

```
df["a"]
```

代码执行结果是：

```
0     0
1     4
2     8
3    12
Name: a, dtype: int64
```

在 DataFrame 对象中选取多列数据：

程序清单 3-85

```
df[["a","b"]]
```

代码执行结果是：

```
    a   b
0   0   1
1   4   5
2   8   9
3  12  13
```

切片方式访问 DataFrame 前 2 行：

程序清单 3-86

```
df[0:2]
```

代码执行结果是：

```
   a  b  c  d
0  0  1  2  3
1  4  5  6  7
```

判断 DataFrame 中列 a 的值是否大于 4：

程序清单 3-87

```
df.a >4
```

代码执行结果是：

```
0    False
1    False
2     True
3     True
Name: a, dtype: bool
```

通过布尔索引选取可实现 DataFrame 的数据过滤，其操作方式和 NumPy 中的 ndarray 非常类似。判断 DataFrame 中的元素是否大于 5：

程序清单　3-88

```
df>5
```

代码执行结果是：

```
      a      b      c      d
0  False  False  False  False
1  False  False  True   True
2  True   True   True   True
3  True   True   True   True
```

把 DataFrame 中大于 5 的元素值修改为 0：

程序清单　3-89

```
df[df>5]=0
df
```

代码执行结果是：

```
   a  b  c  d
0  0  1  2  3
1  4  5  0  0
2  0  0  0  0
1  0  0  0  0
```

通过 loc、iloc 或 ix 等获取数据，它们可以使用类似 NumPy 的标记，使用轴标签（loc）或整数索引（iloc）从 DataFrame 选择行和列的子集。更改 df 对象的索引：

程序清单　3-90

```
df.index = ["aa","bb","cc","dd"]
df
```

代码执行结果是：

```
    a  b  c  d
aa  0  1  2  3
bb  4  5  0  0
cc  0  0  0  0
dd  0  0  0  0
```

使用 loc 访问行索引为 aa 的行数据：

程序清单 3-91
```
df.loc["aa"]
```

代码执行结果是：

```
a    0
b    1
c    2
d    3
Name: aa, dtype: int64
```

使用 loc 访问行索引 aa 的行数据中 a、b 两列数据：

程序清单 3-92
```
df.loc["aa",["a","b"]]
```

代码执行结果是：

```
a  0
b  1
Name: aa, dtype: int64
```

通过这种方式可同时使用行索引和列索引对数据进行访问：

程序清单 3-93
```
df.loc["aa":"cc","a":"b"]
```

代码执行结果是：

```
    a  b
aa  0  1
bb  4  5
cc  0  0
```

也可以使用切片组合获取数据，注意这里使用切片包含了末端索引。另一种方式是 iloc，它表示数据的具体的整数索引，也就是数据集合的默认索引的方式获取数据。

获取行位置为 1、2、3，列位置为 1、2 的数据信息：

程序清单 3-94
```
df.iloc[[1,2,3],[1,2]]
```

代码执行结果是：

```
    b  c
bb  5  0
cc  0  0
dd  0  0
```

获取前3列数据：

程序清单　3-95

```
df.iloc[:,:3]
```

代码执行结果是：

```
    a  b  c
aa  0  1  2
bb  4  5  0
cc  0  0  0
dd  0  0  0
```

DataFrame.ix可以混合使用索引和下标进行访问，唯一需要注意的是：行列内部需要一致，不可以同时使用索引和标签访问行或者列。获取行索引为aa、bb的前3列数据信息：

程序清单　3-96

```
df.ix[['aa','bb'],:3]
```

代码执行结果是：

```
    a  b  c
aa  0  1  2
bb  4  5  0
```

获取行位置为0、1的前3列数据信息：

程序清单　3-97

```
df.ix[[0,1],:3]
```

代码执行结果是：

```
    a  b  c
aa  0  1  2
bb  4  5  0
```

总结一些获取DataFrame数据的方式，见表3-3。

表3-3　获取DataFrame数据的方式

类　型	描　述
df[val]	从DataFrame选取单列或一组列数据，在特殊情况下比较便利，可以使用布尔类型索引、切片
df.loc[val]	通过标签获取单行或者一组行数据

（续）

类　型	描　述
df. loc [:, val]	通过单列或列子集
df. loc [val1, val2]	通过标签同时选取行和列
df. iloc [where]	通过整数位置，从 DataFrame 选取单个行或行子集
df. iloc [:, where]	通过整数位置，从 DataFrame 选取单个列或列子集

3.4 Pandas 的算术运算

Pandas 非常重要的一个功能是它可以对不同索引的对象进行算术运算。在将对象相加时，如果存在不同的索引对，则结果的索引就是该索引对的并集。

程序清单 3-98

```
s1 = pd.Series([7.3, -2.5,3.4,1.5],index = list("abcd"))
s2 = pd.Series([ -2.1,3.6, -1.8,8,7.1],index = list("acdeg"))
s1 + s2
```

代码执行结果是：

```
a    5.2
b    NaN
c    7.0
d   -0.3
e    NaN
g    NaN
dtype: float64
```

自动的数据对齐操作在不重叠的索引处引入了缺失值（NA），缺失值会在算术运算过程中传播。对于 DataFrame，对齐操作会同时发生在行和列上，把它们相加后将会返回一个新的 DataFrame，其索引和列为原来那两个 DataFrame 的并集。

程序清单 3-99

```
df1 = pd.DataFrame(np.arange(9.).reshape((3, 3)),
                   columns = list('abc'),index = ['O', 'T', 'Co'])
df2 = pd.DataFrame(np.arange(12.).reshape((4, 3)),
                   columns = list('bde'),index = ['U', 'O', 'Te', 'On'])
df1 + df2
```

代码执行结果是：

```
    a    b    c    d    e
Co  NaN  NaN  NaN  NaN  NaN
O   NaN  4.0  NaN  NaN  NaN
On  NaN  NaN  NaN  NaN  NaN
T   NaN  NaN  NaN  NaN  NaN
Te  NaN  NaN  NaN  NaN  NaN
U   NaN  NaN  NaN  NaN  NaN
```

因为a、c和d、e列均不在两个DataFrame对象中，在结果中以缺省值呈现。行也是同样。如果DataFrame对象相加，没有共用的列或行标签，结果都会是空。在对不同索引的对象进行算术运算时，当一个对象中某个轴标签在另一个对象中找不到时，填充一个特殊值（比如0）。

程序清单 3-100

```
df1 = pd.DataFrame(np.arange(12.).reshape((3, 4)),columns = list('abcd'))
df1 = pd.DataFrame(np.arange(12.).reshape((3, 4)),columns = list('abcd'))
df2 = pd.DataFrame(np.arange(20.).reshape((4, 5)),columns = list('abcde'))
df2.loc[1, 'c'] = np.nan
df1
```

代码执行结果是：

```
   a    b    c     d
0  0.0  1.0  2.0   3.0
1  4.0  5.0  6.0   7.0
2  8.0  9.0  10.0  11.0
```

程序清单 3-101

```
df2
```

代码执行结果是：

```
   a     b     c     d     e
0  0.0   1.0   2.0   3.0   4.0
1  5.0   6.0   NaN   8.0   9.0
2  10.0  11.0  12.0  13.0  14.0
3  15.0  16.0  17.0  18.0  19.0
```

将它们相加时，没有重叠的位置就会产生NA值。

程序清单 3-102

```
df1 + df2
```

代码执行结果是：

```
    a     b     c     d     e
0   0.0   2.0   4.0   6.0   NaN
1   9.0   11.0  NaN   15.0  NaN
2   18.0  20.0  22.0  24.0  NaN
3   NaN   NaN   NaN   NaN   NaN
```

使用 df1 的 add 方法，传入 df2 以及一个 fill_value 参数。对应 DataFrame 中的 NaN 就会以 fill_value 的值替代。

程序清单 3-103

```
df1.add(df2, fill_value=0)
```

代码执行结果是：

```
    a     b     c     d     e
0   0.0   2.0   4.0   6.0   4.0
1   9.0   11.0  6.0   15.0  9.0
2   18.0  20.0  22.0  24.0  14.0
3   15.0  16.0  17.0  18.0  19.0
```

3.5 Pandas 函数应用与映射

NumPy 的 ufuncs（元素级数组方法）也可用于操作 Pandas 对象。

程序清单 3-104

```
df = pd.DataFrame(np.random.randn(4,4),columns = list("abcd"))
df
```

代码执行结果是：

```
    a          b          c          d
0   0.685933   -0.113404  -0.091261  -0.768604
1   0.542902   -0.394829  -2.551240  -1.153624
2   -0.080703  0.358330   -1.543005  -1.307493
3   -2.187460  2.814164   1.336340   -0.500449
```

使用 NumPy 中的 abs 查看 DataFrame 中元素的绝对值：

程序清单 3-105

```
np.abs(df)
```

代码执行结果是：

```
          a          b          c          d
0  0.685933   0.113404   0.091261   0.768604
1  0.542902   0.394829   2.551240   1.153624
2  0.080703   0.358330   1.543005   1.307493
3  2.187460   2.814164   1.336340   0.500449
```

对 DataFrame 中每一列求和：

程序清单　3-106

```
np.sum(df)
```

代码执行结果是：

```
a   -1.039328
b    2.664261
c   -2.849165
d   -3.730171
dtype: float64
```

对 DataFrame 中每一行求和：

程序清单　3-107

```
np.sum(df,axis=1)
```

代码执行结果是：

```
0   -0.287337
1   -3.556791
2   -2.572870
3    1.462595
dtype: float64
```

另一个常见的操作是将函数应用到由各列或各行所形成的一维数组上，DataFrame 的 apply 方法即可实现此功能。比如求每一列的最大值：

程序清单　3-108

```
df.apply(lambda x:x.max())
```

代码执行结果是：

```
a    0.685933
b    2.814164
c    1.336340
d   -0.500449
dtype: float64
```

求每一行的最小值：

程序清单 3-109

```
df.apply(lambda x:x.min(), axis=1)
```

代码执行结果是：

```
0    -0.768604
1    -2.551240
2    -1.543005
3    -2.187460
dtype: float64
```

这里的 lambda 表达式计算了一个 Series 的最大值或者最小值，在 Data Frame 的每列都执行了一次。结果是一个 Series，使用 Data Frame 的列作为索引。如果传递 axis=1 到 apply，这个函数会在每行执行。如果传递到 apply 的函数不是必须返回一个标量，还可以返回由多个值组成的 Series。还可以使用 sort_index 方法使 Series 对象按照索引值排序：

程序清单 3-110

```
obj = pd.Series(range(4), index=['d', 'a', 'b', 'c'])
obj.sort_index()
```

代码执行结果是：

```
a    1
b    2
c    3
d    0
dtype: int64
```

可使用 sort_values 方法使 Series 对象按照值排序：

程序清单 3-111

```
obj.sort_values(ascending=False)
```

代码执行结果是：

```
c    3
b    2
a    1
d    0
dtype: int64
```

对于 DataFrame 使用 sort_index 方法时，可以通过指定 axis 函数对任意一个轴上的索引进行排序。

按行索引进行排序：

程序清单 3-112

```
df = pd.DataFrame(np.arange(8).reshape((2, 4)),index = ['two', 'one'],columns = ['b','a', 'd', 'c']);
df.sort_index()
```

代码执行结果是：

```
     b  a  d  c
one  4  5  6  7
two  0  1  2  3
```

按列索引进行排序：

程序清单 3-113

```
df.sort_index(axis = 1)
```

代码执行结果是：

```
     a  b  c  d
two  1  0  3  2
one  5  4  7  6
```

DataFrame 还可以使用 sort_values 方法，它将返回一个值已排序的新对象。如果按照列排序，可以按照一列排序，也可以按照多列排序，如果按照多列排序，可以传入列名的列表。

程序清单 3-114

```
df.sort_values("a",ascending = False)
```

代码执行结果是：

```
     b  a  d  c
one  4  5  6  7
two  0  1  2  3
```

通过 a、b 列降序排序：

程序清单 3-115

```
df.sort_values(by = ["a","b"],ascending = False)
```

代码执行结果是：

```
      b  a  d  c
one   4  5  6  7
two   0  1  2  3
```

通过 one 行降序排序：

程序清单　3-116

```
df.sort_values("one",ascending=False,axis=1)
```

代码执行结果是：

```
      c  d  a  b
two   3  2  1  0
one   7  6  5  4
```

默认情况下，Series 和 DataFrame 的 rank 方法是通过“为各组分配一个平均排名”的方式破坏平级关系的：

程序清单　3-117

```
obj=pd.Series([8, -5,8,5,2,0,5])
obj.rank()
```

代码执行结果是：

```
0    6.5
1    1.0
2    6.5
3    4.5
4    3.0
5    2.0
6    4.5
dtype: float64
```

也可以根据值在原数据中出现的顺序给出排名：

程序清单　3-118

```
obj.rank(method='first')
```

代码执行结果是：

```
0    6.0
1    1.0
2    7.0
3    4.0
4    3.0
5    2.0
6    5.0
dtype: float64
```

这里，条目0和2没有使用平均排名6.5，它们被设成了6.0和7.0，因为数据中标签0位于标签2的前面，DataFrame也可以在行或列上计算排名。

程序清单　3-119

```
df = pd.DataFrame({'b':[4.3, 7, -3, 2], 'a':[0, 1, 0, 1],'c':[-2, 5, 8, -2.5]})
df
```

代码执行结果是：

```
   a    b     c
0  0   4.3  -2.0
1  1   7.0   5.0
2  0  -3.0   8.0
3  1   2.0  -2.5
```

程序清单　3-120

```
df.rank(axis = 'columns')
```

代码执行结果是：

```
    a    b    c
0  2.0  3.0  1.0
1  1.0  3.0  2.0
2  2.0  1.0  3.0
3  2.0  3.0  1.0
```

所有用于破坏平级关系的method选项见表3-4。

表3-4　破坏平级关系的method选项

方　法	描　述
average	默认，用于在相等分组中为各个值分配平均值
min	使用整个分组的最小排名
max	使用整个分组的最大排名
first	按值在原始数据中的出现顺序分配排名
dense	类似于min方法，但是排名总是在组间增加1，而不是组中相同的元素数

3.6 本章小结

本章介绍了 Pandas 的基本用法，主要讲解了 Pandas 中对象的结构，Pandas 是本书后续内容的首选库。它提供了多种数据结构和相应的方法，使数据分析工作变得更快、更简单。Pandas 经常和其他工具一同使用，在下一章将讨论用 Pandas 读取（或加载）和写入数据集的工具。之后，将更深入地研究使用 Pandas 进行数据清洗、规整、分析和可视化工具。

3.7 练习

1）读取 csv 时，间隔几行读取数据？

2）读取 DataFrame 每列的数据类型。

3）在 DataFrame 中根据 index 和列名称读取某个值。

4）从 DataFrame 中找到 a 列最大值对应的行。

5）将多个 Series 合并成一个 DataFrame。

6）如何修改 DataFrame 中的列名？

7）如何将 NumPy 数组转换为给定的 DataFrame？

第4章 Chapter 4

Pandas数据加载

本章学习目标

- 读取 CSV 文件数据
- 读取 JSON 文件数据
- 从数据库中读取数据

现实世界中数据源的格式非常多，Pandas 也支持不同数据格式的导入方法，本章介绍 Pandas 如何从文件和数据库中导入数据。

4.1 读取 CSV 文件中的数据

本节的主要内容是把存储在 CSV 格式文件中的数据读取出来并转换成 DataFrame 格式。Pandas 提供了几个非常简单的函数来实现这个功能，见表 4-1。

表 4-1 读取数据

方法	描述
read_csv	从文件、URL、文件型对象中加载带分隔符的数据，默认分隔符是逗号
read_table	从文件、URL、文件型对象中加载带分隔符的数据，默认分隔符是制表符（"\t"）
read_excel	从 Excel 文件中读取数据的方法
read_json	读取 JSON 字符串中数据的方法

实际开发工作中碰到的数据可能十分混乱，一些数据加载函数（尤其是 read_csv）的选项逐渐变得复杂起来。Pandas 帮助文档也有这些函数的使用例子，如果某个函数很难理解，可通过官方的案例了解该函数的使用方法。其中一些函数比如 pandas.read_csv 有类型推断功能，因为列数据的类型不一定是特定的数据类型，也就是说，不需要指定列的类型到底是数值、整数、布尔值还是字符串。其他的数据格式如 HDF5、Feather 和 msgpack，会在格式中存储数据类型。日期和其他自定义类型的处理需要多花精力。首先来看一个以逗号分隔的（CSV）文本文件，打开文件后内容如图 4-1 所示。

```
英雄类型,英雄名称,最大生命,最大法力,物理攻击,法术攻击,物理防御,物理减伤率,法术防御,法术减伤率,物理护甲穿透,法术护甲穿透,攻速加成,暴击几率,暴击效果,物理吸血,法术吸血,冷却缩减,攻击范围,韧性,生命回复,法力回复
坦克,苏烈,3369,0,171,0,93,13.4%,  50, 7.6%,0,0,0,0,200%,0,0,0%,近程,0,56,0
坦克,芈月,3105,100,152,0,88,12.7%,  50, 7.6%,0,0,0,0,200%,0,0,0%,远程,0,44,0
坦克,墨子,3083,420,181,0,102,14.5%,  50, 7.6%,0,0,0,0,200%,0,0,0%,近程,0,51,15
坦克,白起,3510,420,158,0,120,16.6%,  50, 7.6%,0,0,0,0,200%,0,0,0%,近程,0,58,14
坦克,庄周,3311,420,170,0,150,20%,  50, 7.6%,0,0,0,0,200%,0,0,0%,近程,0,55,15
坦克,廉颇,3558,420,163,0,132,18%,  50, 7.6%,0,0,0,0,200%,0,0,0%,近程,0,59,15
坦克,张飞,3450,100,153,0,125,17.2%,  50, 7.6%,0,0,0,0,200%,0,0,0%,近程,0,57,5
坦克,吕布,3564,0,170,0,99,14.1%,  50, 7.6%,0,0,0,0,200%,0,0,0%,近程,0,54,0
坦克,牛魔,3537,470,156,0,109,15.3%,  50, 7.6%,0,0,0,0,200%,0,0,0%,近程,0,58,17
坦克,亚瑟,3622,0,164,0,98,14.1%,  50, 7.6%,0,0,0,0,200%,0,0,0%,近程,0,55,0
坦克,刘邦,3369,470,158,0,125,17.2%,  50, 7.6%,0,0,0,0,200%,0,0,0%,近程,0,58,17
坦克,雅典娜,2862,430,162,0,106,15%,  50, 7.6%,0,0,0,0,200%,0,0,0%,近程,0,44,15
```

图 4-1　逗号分隔的文本文件

使用 read _ csv 读取文件，得到的结果如图 4-2 所示。

程序清单　4-1

```
import pandas as pd
path = "type _ hero. csv"
pd. read _ csv( path). head(5)
```

	英雄类型	英雄名称	最大生命	最大法力	物理攻击	法术攻击	物理防御	物理减伤率	法术防御	法术减伤率	...	攻速加成	暴击几率	暴击效果	物理吸血	法术吸血	冷却缩减	攻击范围	韧性	生命回复	法力回复
0	坦克	苏烈	3369	0	171	0	93	13.4%	50	7.6%	...	0	0	200%	0	0	0%	近程	0	56	0
1	坦克	芈月	3105	100	152	0	88	12.7%	50	7.6%	...	0	0	200%	0	0	0%	远程	0	44	0
2	坦克	墨子	3083	420	181	0	102	14.5%	50	7.6%	...	0	0	200%	0	0	0%	近程	0	51	15
3	坦克	白起	3510	420	158	0	120	16.6%	50	7.6%	...	0	0	200%	0	0	0%	近程	0	58	14
4	坦克	庄周	3311	420	170	0	150	20%	50	7.6%	...	0	0	200%	0	0	0%	近程	0	55	15

5 rows × 22 columns

图 4-2　read _ csv 读取文件

使用 read _ table，并指定分隔符，得到的结果如图 4-3 所示。

程序清单　4-2

```
pd. read _ table( path, sep = "," ). head(5)
```

	英雄类型	英雄名称	最大生命	最大法力	物理攻击	法术攻击	物理防御	物理减伤率	法术防御	法术减伤率	...	攻速加成	暴击几率	暴击效果	物理吸血	法术吸血	冷却缩减	攻击范围	韧性	生命回复	法力回复
0	坦克	苏烈	3369	0	171	0	93	13.4%	50	7.6%	...	0	0	200%	0	0	0%	近程	0	56	0
1	坦克	芈月	3105	100	152	0	88	12.7%	50	7.6%	...	0	0	200%	0	0	0%	远程	0	44	0
2	坦克	墨子	3083	420	181	0	102	14.5%	50	7.6%	...	0	0	200%	0	0	0%	近程	0	51	15
3	坦克	白起	3510	420	158	0	120	16.6%	50	7.6%	...	0	0	200%	0	0	0%	近程	0	58	14
4	坦克	庄周	3311	420	170	0	150	20%	50	7.6%	...	0	0	200%	0	0	0%	近程	0	55	15

图 4-3　read _ table 读取文件

read _ csv 函数和 read _ table 函数的参数见表 4-2。

表 4-2　read _ csv 函数和 read _ table 函数的参数

参　数	说　明
path	表示文件系统位置、URL、文件型对象的字符串
sep 或 delimiter	用于分隔每行字段的字符序列或正则表达式
header	用作列名的行号，默认为 0（第一行），如果没有 header 行则设为 None
index _ col	用作行索引的列编号或列名，可以是单个名称/数字或由多个名称/数字组成的列表
names	用于结果的列名列表，结合 header = None
skiprows	需要忽略的行数（从文件开始处算起）或需要跳过的行号列表
na _ values	一组用于替换 NA 的值
comment	用于将注释从行尾拆分出的字符
parse _ date	尝试将数据解析为日期，默认为 False，如果为 True，则尝试解析所有列
keep _ date _ col	如果连接列到解析日期上，则保留参与连接的列
encoding	用于 unicode 的文本编码格式，如“utf - 8”表示用 UTF - 8 编码的文本

4.2　处理 CSV 文件中的无效数据

Pandas 可以自动推断每个 column 的数据类型，以便于后续对数据的处理。以上节中的数据为例，读取文件中的数据，并获取最大法力列，代码如下：

程序清单　4-3

```
df = pd. read _ table(path,sep = ",").head(5)
df
df["最大法力"]
```

代码执行结果是：

```
0    0
1    100
2    420
3    420
4    420
Name:最大法力, dtype: int64
```

Pandas 将最大法力这一列的数据类型默认为 int64，方便了后续对于该列数据的运算。但是在实际情况中，经常会面临数据缺失的问题，如果出现这种情况，往往会用一些占位符来作标记。假设用 missing 这个占位符来表示数据缺失，如果仍使用上述代码，会发生什么情况？首先修改一下数据源，运行结果如图 4-4 所示。

程序清单　4-4

```
path = "type _ hero1. csv"
df = pd. read _ csv(path)
df. head(5)
df
```

	英雄类型	英雄名称	最大生命	最大法力	物理攻击	法术攻击	物理防御	物理减伤率	法术防御	法术减伤率	...	攻速加成	暴击几率	暴击效果	物理吸血	法术吸血	冷却缩减	攻击范围	韧性	生命回复	法力回复
0	坦克	苏烈	3369	missing	171	0	93	13.4%	50	7.6%	...	0	0	200%	0	0	0%	近程	0	56	0
1	坦克	芈月	3105	missing	152	0	88	12.7%	50	7.6%	...	0	0	200%	0	0	0%	远程	0	44	0
2	坦克	墨子	3083	missing	181	0	102	14.5%	50	7.6%	...	0	0	200%	0	0	0%	近程	0	51	15
3	坦克	白起	3510	420	158	0	120	16.6%	50	7.6%	...	0	0	200%	0	0	0%	近程	0	58	14
4	坦克	庄周	3311	420	170	0	150	20%	50	7.6%	...	0	0	200%	0	0	0%	近程	0	55	15

图 4-4　有缺失数据

由于最大法力这一列中出现了 missing 这个字符串，Pandas 不能确定数据类型是字符串还是数字，Pandas 将最大法力这一列的数据类型判断成了 object，这会对该列数据的运算带来影响。例如，要计算最大法力两行数据的和，代码如下：

程序清单　4-5

```
df["最大法力"][3] + df["最大法力"][4]
代码执行结果是:
'420420'
```

进行数据运算时，得到的却是一个字符串拼接结果，这是由于数据类型判断失误带来的问题。对于这种情况，read _ csv()函数提供了一个简单的处理方式，只需要通过 na _ value 参数指定占位符，Pandas 会在读入数据的过程中自动将这些占位符转换成 NaN，而不影响 Pandas 对 column 数据类型的正确判断。

程序清单　4-6

```
df = pd.read_csv(path, skiprows = 0, na_values = ['missing']).head(5)
str(df['最大法力'].dtypes)
```

代码执行结果是：

```
'float64'
```

程序清单　4-7

```
df['最大法力'][3] + df['最大法力'][4]
```

代码执行结果是：

```
840.0
```

可以看到，Pandas 将数据集中的 missing 单元全部转换为了 NaN，并成功判断出最大法力这一列的数据类型。通过一个简单的 read _ csv()函数，可以实现如下几个功能：

1）通过指定的文件路径从本地读取 CSV 文件，并将数据转换成 DataFrame 格式。

2）更正数据集的头部（column）。

3）正确处理缺失数据。

4）推断每一列的数据类型。

4.3　逐块读取文本文件

在处理很大的文件时，要找出大文件中的某一数据集以便于后续处理，可考虑读取文件的一小部分或逐块对文件进行迭代。如果只想读取几行（避免读取整个文件），通过 nrows 进行指定即可，运行结果如图 4-5 所示。

程序清单　4-8

```
df = pd.read_csv(path,nrows=5)
df
```

	英雄类型	英雄名称	最大生命	最大法力	物理攻击	法术攻击	物理防御	物理减伤率	法术防御	法术减伤率	…	攻速加成	暴击几率	暴击效果	物理吸血	法术吸血	冷却缩减	攻击范围	韧性	生命回复	法力回复
0	坦克	苏烈	3369	missing	171	0	93	13.4%	50	7.6%	...	0	0	200%	0	0	0%	近程	0	56	0
1	坦克	芈月	3105	missing	152	0	88	12.7%	50	7.6%	...	0	0	200%	0	0	0%	远程	0	44	0
2	坦克	墨子	3083	missing	181	0	102	14.5%	50	7.6%	...	0	0	200%	0	0	0%	近程	0	51	15
3	坦克	白起	3510	420	158	0	120	16.6%	50	7.6%	...	0	0	200%	0	0	0%	近程	0	58	14
4	坦克	庄周	3311	420	170	0	150	20%	50	7.6%	...	0	0	200%	0	0	0%	近程	0	55	15

图 4-5　指定 nrows 读取 5 行数据

要逐块读取文件，可以指定 chunksize（行数）：

程序清单　4-9

```
block = pd.read_csv(path, chunksize=20)
block
```

代码执行结果是：

```
<pandas.io.parsers.TextFileReader at 0x10a8da358>
```

read_csv 所返回的 TextParser 对象可以根据 chunksize 对文件进行逐块迭代。例如，可以迭代处理 type_hero.csv，将值计数聚合到"key" 列中，如下所示：

程序清单　4-10

```
chunker = pd.read_csv(path, chunksize=20)
total = pd.Series([])
for piece in chunker:
    total = total.add(piece['最大生命'].value_counts(), fill_value=0)
total = total.sort_values(ascending=False)
total.head(5)
```

代码执行结果是：

```
3182    3.0
2958    3.0
3369    2.0
3041    2.0
3027    2.0
dtype: float64
```

4.4 从数据库中读取数据

在应用开发中，数据来源于文件的情况很少，因为文本文件不是存储数据的最有效方式。数据往往是存储于 SQL 关系型数据库。Pandas 从数据库读取数据并转换为 DataFrame 对象非常简单，因为 Pandas 提供了几个函数简化了该过程。作为示例，此处选择 Python 内置的 SQLite 数据库 SQLite3，它是一个轻量级的 DBMS SQL。它非常实用，可以在单个文件中创建一个嵌入式数据库。此处选择 SQLite 数据库就不需要安装真正的数据库。若想使用其他数据库，可基于 SQLite 的案例做一些微调，即可对接到其他数据库。首先导入相关的模块：

程序清单 4-11

```
from sqlalchemy import create_engine
import pandas as pd
import numpy as np
```

创建 DataFrame 对象：

程序清单 4-12

```
stu_dict = [{'name': '张三', 'stuNo': 1},
            {'name': '李四', 'stuNo': 2},
            {'name': '王五', 'stuNo': 3},
            {'name': '小明', 'stuNo': 4}]
stu_df = pd.DataFrame(stu_dict)
```

创建数据库引擎：

程序清单 4-13

```
engine = create_engine('sqlite:///test.db')
```

将 DataFrame 的数据保存到数据库中：

程序清单 4-14

```
stu_df.to_sql('student', engine)
```

从数据库中读取数据并转换为 DataFrame 对象：

程序清单　4-15

```
pd.read_sql('student', engine)
```

代码执行结果是：

```
     index   name   stuNo
0    0       张三    1
1    1       李四    2
2    2       王五    3
3    3       小明    4
```

4.5　读取 JSON 数据

JSON（JavaScript Object Notation）已经成为 HTTP 请求在 Web 浏览器和其他应用程序之间交互数据的标准格式之一。它是一种比表格型文本格式（如 CSV）更为灵活的数据格式，和 Python 的字典类型有很多相似之处。下面是一个 JSON 数据的例子，内容如图 4-6 所示。

```
data =
"""
{
    "rating": ["9.6", "50"],
    "rank": 1,
    "cover_url": "https://img3.doubanio.com\/view\/photo\/s_ratio_poster\/public\/p480747492.jpg",
    "is_playable": true,
    "id": "1292052",
    "types": ["犯罪", "剧情"],
    "regions": ["美国"],
    "title": "肖申克的救赎",
    "url": "https:\/\/movie.douban.com\/subject\/1292052\/",
    "release_date": "1994-09-10",
    "actor_count": 25,
    "vote_count": 1190242,
    "score": "9.6",
    "actors": ["蒂姆·罗宾斯", "摩根·弗里曼", "鲍勃·冈顿", "威廉姆·赛德勒", "克兰西·布朗", "吉尔·贝罗斯", "马克·罗斯顿", "詹姆斯·惠特摩", "杰弗里·德曼", "拉里·布兰登伯格",
    "is_watched": false
}
"""
```

图 4-6　JSON 数据

除其空值 null 和一些其他的细微差别（如列表末尾不允许存在多余的逗号）之外，JSON Python 中的字典数据结构非常相似，对象中所有的键都必须是字符串。许多 Python 库都可以读写 JSON 数据，JSON 模块是构建于 Python 标准库中的。通过 json.loads 即可将 JSON 字符串转换成 Python 字典：

程序清单　4-16

```
import json
data =      {'actor_count': 25,
            'cover_url': 'https://img3.doubanio.com/view/photo/s_ratio_poste
r/public/p480747492.jpg',
            'id': '1292052',
            'is_playable': True,
            'is_watched': False,
```

```
'rank': 1,
'rating': ['9.6', '50'],
'regions': ['美国'],
'release_date': '1994-09-10',
'score': '9.6',
'title': '肖申克的救赎',
'types': ['犯罪', '剧情'],
'url': 'https://movie.douban.com/subject/1292052/',
'vote_count': 1190242}
```

将字典转换成 JSON 字符串：

程序清单 4-17

```
json.dumps(data)
```

代码执行结果是：

```
'{"actor_count": 25, "cover_url": "https://img3.doubanio.com/view/photo/s_ratio_poster/public/p480747492.jpg", "id": "1292052", "is_playable": true, "is_watched": false, "rank": 1, "rating": ["9.6", "50"], "regions": ["\\u7f8e\\u56fd"], "release_date": "1994-09-10", "score": "9.6", "title": "\\u8096\\u7533\\u514b\\u7684\\u6551\\u8d4e", "types": ["\\u72af\\u7f6a", "\\u5267\\u60c5"], "url": "https://movie.douban.com/subject/1292052/", "vote_count": 1190242}'
```

将 JSON 字符串转换为字典：

程序清单 4-18

```
json.loads(json.dumps(data))
```

代码执行结果是：

```
{'actor_count': 25,
'cover_url': 'https://img3.doubanio.com/view/photo/s_ratio_poster/public/p480747492.jpg',
'id': '1292052',
'is_playable': True,
'is_watched': False,
'rank': 1,
'rating': ['9.6', '50'],
'regions': ['美国'],
'release_date': '1994-09-10',
'score': '9.6',
'title': '肖申克的救赎',
'types': ['犯罪', '剧情'],
'url': 'https://movie.douban.com/subject/1292052/',
'vote_count': 1190242}
```

从上面代码可知，通过 json. dumps 可将 Python 对象转换成 JSON 格式。Python 中的很多对象都可以序列化成 JSON 字符串，同样 Pandas 中的 DataFrame 对象也可以序列化成 JSON 字符串，JSON 字符串也可以反序列化为 DataFrame 对象。在实战中需要将一个 JSON 字符串转换为 DataFrame 或其他便于分析的数据结构，可以使用 pandas. read _ json 方法。可以使用 DataFrame. to _ json( )将一个 DataFrame 转换为 JSON 字符串。例如，将 DataFrame 对象转换为 JSON 字符串：

程序清单　4-19

```
df = pd. DataFrame( np. arange(16). reshape(4, 4),
                                        index = [ 'row1', 'row2', 'row3', 'row4'],
                                          columns = [ "col1", "col2", "col3", 'col4'])
df. to _ json( )
```

代码执行结果是：

```
'{"col1":{"row1":0,"row2":4,"row3":8,"row4":12},"col2":{"row1":1,"row2":5,"row3":9,"row4":
13},"col3":{"row1":2,"row2":6,"row3":10,"row4":14},"col4":{"row1":3,"row2":7,"row3":11,"row4":15}}'
```

将 DataFrame 转换为 JSON 字符串，并写到 test. json 文件中：

程序清单　4-20

```
df. to _ json( 'test. json')
```

从文件中读取 JSON 格式数据，并转换为 DataFrame 对象：

程序清单　4-21

```
df1 = pd. read _ json( 'test. json')
df1
```

代码执行结果是：

	col1	col2	col3	col4
row1	0	1	2	3
row2	4	5	6	7
row3	8	9	10	11
row4	12	13	14	15

4.6　将数据写入 CSV 文件

从文件读取数据很常见，把计算结果写入数据文件也是常用的必要操作。可利用 to _ csv( )函数把 DataFrame 中的数据写入到 CSV 文件中，其参数为新的文件名。运行代码并用记事本打开 data. csv，结果如图 4-7 所示。

程序清单　4-22

```
df = pd.DataFrame(np.arange(16).reshape(4, 4),
                  index = ['row1', 'row2', 'row3', 'row4'],
                  columns = ["col1", "col2", "col3", 'col4'])
df.to_csv('data.csv')
```

```
,col1,col2,col3,col4
row1,0,1,2,3
row2,4,5,6,7
row3,8,9,10,11
row4,12,13,14,15
```

图 4-7　将 DataFrame 数据写入到 CSV 文件中

由上述例子可知，DataFrame 写入文件时，索引和列名一起被写入到文件中。使用 index 和 header 选项，设置其值为 False，可避免将其写入到文件中。运行结果如图 4-8 所示。

程序清单　4-23

```
df.to_csv('data.csv',header = False,index = False)
```

```
0,1,2,3
4,5,6,7
8,9,10,11
12,13,14,15
```

图 4-8　避免索引和列名被写入到文件中

DataFrame 中的值为 NaN 被写入文件后，显示为空字段。运行结果如图 4-9 所示。

程序清单　4-24

```
df = pd.DataFrame({'col1':[np.NaN,'b','a','a','e'],'col2':range(5)})
df.to_csv('data.csv')
```

```
,col1,col2
0,,0
1,b,1
2,a,2
3,a,3
4,e,4
```

图 4-9　NaN 被写入文件后为空字段

可使用 to_csv()函数的 na_rep 选项把空字段替换为需要的值。运行结果如图 4-10 所示。

程序清单　4-25

```
df = pd.DataFrame({'col1':[np.NaN,'b','a','a','e'],'col2':range(5)})
df.to_csv('data.csv',na_rep = 'empty')
```

```
,col1,col2
0,empty,0
1,b,1
2,a,2
3,a,3
4,e,4
```

图 4-10 na_rep 选项把空字段替换为 empty

4.7 本章小结

本章介绍了 Pandas 如何从第三方数据源（CSV 文件、数据库、JSON）中读取数据并转换为 DataFrame 对象，并将 DataFrame 中的数据写入到第三方数据源。下一章将讨论如何对 Pandas 中常见的数据结构实例对象存储的数据进行预处理，以过滤掉一些脏数据。

4.8 练习

1）读取 CSV 时进行数据转换。

2）读取 CSV 时只读取某列。

3）在执行 read_csv 函数时如何设置字符编码？

4）如何将 JSON 字符串转为 Python 对象？

5）解释 json.load()和 json.loads()函数的不同。

6）将 CSV 文件数据转为 JSON 数据。

Chapter 5

第5章 Pandas数据预处理

本章学习目标

- 了解缺失值对象
- 了解索引对象
- 了解数据清洗的常用方式

数据分析任务中的数据集存在缺失的数据是常见的现象，当遇到缺失的数据时不可视而不见，需要对缺失的数据进行相应的处理，本章将介绍缺失值是什么以及如何使用第三方模块完成缺失值的处理。

5.1 了解缺失值

Python 的程序中经常遇到“空”这个概念，如很多函数没有返回值，实际上函数返回了 None，Python 中经常使用 None 表示“空”这个对象，“空”也并不是什么都没有，“空”也是一个对象。Pandas 中也存在“空”这个概念，Pandas 可以使用三类值作为缺失值，分别为 None、NaN、NA。

5.1.1 None：Python 对象类型的缺失值

Pandas 可以使用 None 作为缺失值 ，None 是一个 Python 的对象，在 Python 代码中表示“空”，同样 None 也可以在 Pandas 中进行使用：

程序清单 5-1

```
import numpy as np
import pandas as pd
s1 = np.array([1,None,None,5,6])
s1
```

代码执行结果是：

```
array([1, None, None, 5, 6], dtype = object)
```

dtype = object 表示当前数组是 object 类型元素构成的数组，但是这种类型要比其他原生类型数据占用更多的系统资源，下面测试一下 object 类型数组和原生数组对系统资源的占用率，使用以下代码验证：

程序清单　5-2

```
for dtype in ['object','int']:
    %timeit np.arange(1E5,dtype = dtype).sum()
print("dtype = ",dtype)
```

代码执行结果是：

```
17.1 ms ± 707μs per loop (mean ± std. dev. of 7 runs, 100 loops each)
dtype = object
259μs ± 9.1μs per loop (mean ± std. dev. of 7 runs, 1000 loops each)
dtype = int
```

上述结果表明，Python 在对原生数据和 object 类型数据进行计算的时候，原生类型会占用更少的系统资源，程序会有更好的性能。在使用 Python 对象类型构成的数组时，需要注意：对一个数组进行累计求和或者聚合等操作时，数组中不能包含 None 值，对于存在 None 值的数组进行聚合等统计操作时会抛出 TypeError：

程序清单　5-3

```
s2 = np.array([1,2,3,4,5,6])
s2.sum()
```

代码执行结果是：

```
21
```

程序清单　5-4

```
s2 = np.array([1,None,3,4,5,6])
s2.sum()
```

代码执行结果是：

```
TypeError: unsupported operand type(s) for +: 'int' and 'NoneType'
```

Python 中没有定义整数与 None 之间的加法运算，在使用数组进行累计求和或者其他统计操作时，要避免数组中存在缺失值。

5.1.2 NaN：数值类型的缺失值

NaN（Not a Number，不是一个数字）是一个能够在任何系统中都能够兼容的特殊浮点数，也是常见缺失值的中的一种，例如以下代码：

程序清单 5-5

```
s3 = np.array([1,np.nan,3,4])
print(s3)
print(s3.dtype)
```

代码执行结果是：

```
[ 1.  nan  3.  4. ]
float64
```

数组中存在 NaN 的缺失值的时候，系统会把数组推断为 float64 元素填充的数组，有一个注意事项：读者可以把 NaN 理解为一个“病毒”，把能够接触到 NaN 数据的相关计算及其他操作，最终结果都为 NaN，读者可以通过以下代码来了解 NaN 的特性：

程序清单 5-6

```
s3 = np.array([1,np.nan,3,4])
s1 = 100 + np.NAN
s2 = 1/np.NAN
s3 = s3.sum()
s4 = s3.max()
print(s1)
print(s2)
print(s3)
print(s4)
```

代码执行结果是：

```
nan
nan
nan
nan
```

执行结果并非想要的结果，这些操作也不会报错或者抛出异常。NumPy 非常贴心地给用户提供了一些特殊的聚合函数，这些函数可以忽略缺失值的影响，常见的统计函数有 nansum、nanmin、nanmax、nanmean，其作用是忽略数组中的 NaN 缺失值之后进行其余数值的计算：

程序清单 5-7

```
s4 = np.array([1,np.NAN,3])
r1 = np.nansum(s4)
```

```
r2 = np.nanmin(s4)
r3 = np.nanmax(s4)
r4 = np.nanmean(s4)
print("sum:%d" % r1)
print("min:%d" % r2)
print("max:%d" % r3)
print("mean:%d" % r4)
```

代码执行结果是：

```
sum:4
min:1
max:3
mean:2
```

从结果中可以发现在进行计算的时候，NaN 并没有参与计算。

5.1.3 Pandas 中常用缺失值的总结

None 常用于 Python 原生程序中，NaN 在 NumPy 中得到广泛使用。None 和 NaN 之间是存在一定关联和差异的，在 Pandas 中，None 和 NaN 之间是可以进行等价交换的：

程序清单 5-8

```
pd.Series([3,None,4,np.nan])
```

代码执行结果是：

```
0    3.0
1    NaN
2    4.0
3    NaN
dtype: float64
```

使用 Pandas 构建 Series 对象时，数组中存在的元素既有 None 也有 NaN 的时候，Pandas 会将 None 自动转换成 NaN，并且填充的元素类型全部为 float64 数值型，除此之外构建的 Series 对象内部的元素类型全部为 int64 类型，之后对其中某一个元素赋予 None 或者 NaN 都会导致 Series 对象内部元素类型升级为 float64 类型：

程序清单 5-9

```
data = pd.Series([1,2,3])
data
```

代码执行结果是：

```
0    1
1    2
2    3
dtype: int64
```

对创建的 Series 对象第一个值进行替换：

程序清单 5-10

```
data[0] = None
data
```

代码执行结果是：

```
0    NaN
1    2.0
2    3.0
dtype: float64
```

原始的 data 对象为 int64 整数型的数组，但是因为缺失值的原因，Pandas 把数组转化为 float64 类型数组，并且把缺失值全部转换为 NaN，实际上 float64 会比原生的 int 占用更多的空间，所以有开发人员建议增加一个原生的整数型缺失值 NA，避免数组进行自动类型转换，从而减少因元素类型转换导致的空间浪费问题。

5.2 处理缺失值

数组中如果存在缺失值，所有与缺失值有关的计算结果都为 NaN，此时需要对缺失值进行处理，Pandas 提供了一些方法，主要有探索、删除、替换数组里面的缺失值，主要操作包含下面几种：

1）创建一个布尔类型的标签缺失值：isnull()。

2）创建一个布尔类型的标签缺失值：得到的结果和上述的操作相反：notnull()。

3）返回一个删除缺失值之后的数据：dropna()。

4）返回一个使用某一个值或某一些值填充之后的数据副本：fillna()。

5.2.1 探索缺失值

使用 NumPy 或者 Pandas 进行计算时，需要对数据集进行探索，如查看数据集中是否存在缺失值或者缺失值占整体数据集的比例。在做机器学习任务的时候，数据集的质量决定着最终的结果：一个数据集中缺失值占总体数据的 30% 以上，应考虑是否采用当前数据集；存在的缺失值仅仅占有总体数据集的 5% 甚至更少，可以考虑对数据集中缺失值元素进行删除。接下来创建一个 Series 对象，并把其中的某些值替换成 None 值，最后使用带有缺失值的数组进行缺失值探索。

程序清单 5-11

```
data = pd.Series([1,None,"hello"])
data
```

代码执行结果是：

```
0       1
1    None
2   hello
dtype: object
```

上节中提到若数组中存在 None，Pandas 会自动把 None 转化为 NaN，但是现在的代码没有进行类型转换，原因参考如下代码：

程序清单 5-12

```
data1 = pd.Series([1,None,1])
data1
```

代码执行结果是：

```
0    1.0
1    NaN
2    1.0
dtype: float64
```

NaN 是一个特殊的浮点数，在整数的数组和浮点数的数组中使用是没有问题的，但在存在 object 元素的数组中就不会进行转换。object 类型的元素转换为 float64 类型并不合理，整数和浮点数可以存在数据类型自动提升，object 元素类型不能自动转换为 float 元素类型。

Pandas 数据结构中有两种方法探索缺失值：notnull()和 isnull()，每种方法都会返回布尔类型数组。声明带缺失值的 Series 对象：

程序清单 5-13

```
data2 = pd.Series([1,np.nan,"hello"])
data2
```

代码执行结果是：

```
0       1
1     NaN
2   hello
dtype: object
```

使用 Series 对象提供的 notnull()方法查找非空值，并返回布尔类型数组，原始数组和最终返回的布尔类型数组的维度是对应的，并且索引编号也是对应的。如果原始数组中的元素不为空，在布尔类型数组中其对应索引位置的元素就是 True，否则就是 False：

程序清单 5-14

```
r1 = data2.notnull()
r1
```

代码执行结果是：

```
0    True
1    False
2    True
dtype: bool
```

Series 对象提供的 isnull()方法表示查找空值，并返回布尔类型数组，当前操作返回的结果和 notnull()返回的结果相反：

程序清单 5-15

```
r2 = data2.isnull()
r2
```

代码执行结果是：

```
0    False
1    True
2    False
dtype: bool
```

获得了布尔索引数组之后，可以使用布尔索引数组直接从原始的数组中进行数据的获取：

程序清单 5-16

```
data2[r2]
```

代码执行结果是：

```
0        1
2    hello
dtype: object
```

探索缺失值的函数并使用布尔类型数组获取原始数组中数据的子集的方式适合 Series，同样也适用于 DataFrame。

5.2.2 删除缺失值

Pandas 中删除缺失值有两个常用的方法，分别是 dropna()和 fillna()，dropna()函数常用于删除具有缺失值的数据，fillna( )函数常用于对具有缺失值的数据进行填充：

程序清单　5-17

```
data2 = pd. Series( [ 1 ,np. nan ," hello" ] )
data2
```

代码执行结果是：

```
0        1
1      NaN
2      hello
dtype: object
```

调用 Series 对象提供的 dropna( )方法完成缺失数据的删除操作：

程序清单　5-18

```
data2. dropna( )
```

代码执行结果是：

```
0        1
2      hello
dtype: object
```

上述代码是对 Series 对象进行删除缺失值的操作，DataFrame 使用时还可以设置一些其他的参数：

程序清单　5-19

```
df1 = pd. DataFrame( [ [ 1 ,None ,np. NAN] ,[2 ,2 ,None] ,3 ,3 ,3] ] )
df1
```

代码执行结果是：

```
          0     1
0   1   NaN   NaN
1   2   2.0   NaN
2   3   3.0   3.0
```

DataFrame 是一个类似二维表格的数据结构，进行删除缺失值操作需要删除整行或者删除整列，对 DataFrame 数据结构进行操作时需要配置一些参数，在默认的情况下，dropna( )会把存在缺失值数据的一行全部删除：

程序清单　5-20

```
df1. dropna( )
```

代码执行结果是:

```
   0  1    2
2  3  3.0  3.0
```

dropna()也可以按照列进行删除数据，如下代码所示，指定 axis 参数为 1:

程序清单 5-21

```
df1.dropna(axis=1)
```

代码执行结果是:

```
   0
0  1
1  2
2  3
```

上述的代码存在一个问题，按照列删除数据，会把一些非空的数据删除掉，针对此问题，可以使用 how 和 thresh 参数来进行删除数据的控制:

程序清单 5-22

```
df2 = pd.DataFrame([[1,None,np.NAN],[2,2,None],[3,3,None]])
df2
```

代码执行结果是:

```
   0  1    2
0  1  NaN  NaN
1  2  2.0  NaN
2  3  3.0  NaN
```

使用 dropna()函数的时候，how 参数默认为“any”，在参数默认为“any”的情况下，数组中的行或者列遇到缺失值时，Pandas 默认会把整行或者整列全部进行删除。如果设置为“all”，则每行或者每列的值全部为缺失值时，才会进行数据的删除:

程序清单 5-23

```
df2.dropna(axis=1,how="all")
```

代码执行结果是:

```
   0  1
0  1  NaN
1  2  2.0
2  3  3.0
```

从上述的代码中可以看出，DataFrame 中的每行或者每列必须全部为空时才能进行数据的删除，这种处理数据的方法还不是很智能。例如，二维数组中存在 1000 列，对元素缺失值的个数大于 300 的列进行删除，小于 300 的列进行缺失值的填充，利用上述的方法是不能处理此类问题的。Pandas 考虑到了该场景，提供 thresh 参数设置行或者列中非缺失值的最小数量，从而能够更加智能化地处理数据：

程序清单　5-24

```
df2 = pd.DataFrame([[1,None,np.NAN],[2,None,None],[3,3,None]])
df2.dropna(axis = 1,thresh = 0)
```

代码执行结果是：

```
     0   1    2
0    1   NaN  NaN
1    2   NaN  NaN
2    3   3.0  NaN
```

指定参数 thresh 值为 1，若数组中的每列数据至少有一个不为空，则对当前列进行保留，其余列进行删除：

程序清单　5-25

```
df2.dropna(axis = 1,thresh = 1)
```

代码执行结果是：

```
     0   1
0    1   NaN
1    2   NaN
2    3   3.0
```

指定参数 thresh 值为 2：

程序清单　5-26

```
df2.dropna(axis = 1,thresh = 2)
```

代码执行结果是：

```
     0
0    1
1    2
2    3
```

5.2.3 替换缺失值

某些数据分析任务一般不会对缺失值进行删除，在进行数据挖掘分类和回归实验数据集样本很少的时候，这种场景下删除数据只会让数据更少，从而影响最终分类或回归的结果。对于不想删除数据的场景，可以通过数据替换把缺失值替换成合理的其他数值，使用的方法有 fillna( )，fillna( )函数的 axis 控制缺失值填充的方式是按照行进行填充或者按照列进行填充：

程序清单 5-27
```
data = pd. Series( [ 1,None,np. NAN,2,3,4,5] )
data
```

代码执行结果是：

```
0    1.0
1    NaN
2    NaN
3    2.0
4    3.0
5    4.0
6    5.0
dtype: float64
```

使用 fillna( )函数对数组中缺失值进行替换：

程序清单 5-28
```
data. fillna(1)
```

代码执行结果是：

```
0    1.0
1    1.0
2    1.0
3    2.0
4    3.0
5    4.0
6    5.0
dtype: float64
```

除使用固定值进行数据填充之外，还可以使用从前往后和从后往前的方式，使用非缺失值进行填充缺失值。例如，索引为 0 的元素不为空，索引为 1 的元素为空，函数会把索引为 0 对应的数据赋值给索引为 1 位置的元素进行赋值，依此类推，代码如下：

程序清单 5-29
```
data. fillna( method = "ffill" )
```

代码执行结果是：

```
0    1.0
1    1.0
2    1.0
3    2.0
4    3.0
5    4.0
6    5.0
dtype: float64
```

在调用 fillna( )函数的时候，传入参数 method = "bfill"，索引为 3 的元素不为空，索引为 2 的元素为空，函数会把索引为 3 对应的数据赋值给索引为 2 位置的元素，依此类推：

程序清单　5-30

```
data.fillna(method = "bfill")
```

代码执行结果是：

```
0    1.0
1    2.0
2    2.0
3    2.0
4    3.0
5    4.0
6    5.0
dtype: float64
```

Series 中可以对缺失值位置使用数据进行填充，DataFrame 数据结构中也可以使用数据进行填充：

程序清单　5-31

```
df2 = pd.DataFrame([[1,None,np.NAN],[2,None,None],[3,3,None]])
df2
```

代码执行结果是：

```
   0  1    2
0  1  NaN  NaN
1  2  NaN  NaN
2  3  3.0  NaN
```

程序清单　5-32

```
df2.fillna(method = "ffill",axis = 1)
```

代码执行结果是：

```
     0    1    2
0  1.0  1.0  1.0
1  2.0  2.0  2.0
2  3.0  3.0  3.0
```

注意：从前往后进行数据填充和从后往前进行数据填充时，如果从前往后所有数据都为空，或者从后往前填充数据都为空的话，那么最终的结果仍然是一个缺失值：

程序清单 5-33

```
df4 = pd.DataFrame([[None,None,np.NAN],[2,2,None],[3,3,3]])
df4.fillna(method = "ffill",axis = 1)
```

代码执行结果是：

```
     0    1    2
0  NaN  NaN  NaN
1  2.0  2.0  2.0
2  3.0  3.0  3.0
```

5.3 本章小结

本章介绍了 Pandas 中常见缺失值对象以及 Pandas 中常见的数据缺失值处理的方法，如探索缺失值、获取原始数组中非缺失数据子集、对存在缺失值的数组进行数值填充，掌握了这些数据预处理及探索的方法，可以为后面数据可视化等众多数据科学领域的学习做好铺垫。缺失值处理经常和其他数据分析操作一同使用，下一章将讨论 Pandas 多层索引及数据集切片等常用的数据分析方法。

5.4 练习

1）简述 Pandas 中 None、NaN、NA 的区别？
2）处理缺失值的常用方法有哪些，分别是什么？简述其作用？
3）fillna()方法中 method 参数有什么作用？
4）删除当前数组中的缺失值：pd. Series（[1，None，np. NAN，2，3，4，5]）。

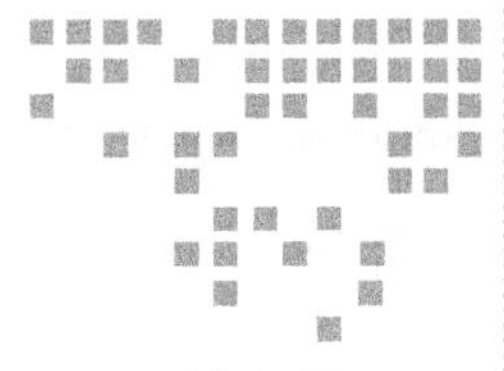

第6章 Chapter 6

Pandas索引的应用

本章学习目标

- 了解多层索引对象
- 了解以索引的方式获取数据
- 了解以切片方式获取数据

数据分析任务中可以使用单层索引进行简单的数据获取，但在实际开发中简单的数据获取的场景比较少，经常需要使用多层索引进行数据的获取，如获取某个城市的某一年的 GDP 这样的场景涉及了两层索引。本章将介绍多层索引的创建，并且将介绍多层索引和切片的使用。

6.1 索引对象

NumPy 中存在索引，Pandas 中也存在索引，Pandas 索引的使用和 NumPy 基本相同，唯一的变化就是丰富了索引操作方法。

Pandas 中的索引是以对象的形式存在的，其索引可以有一级，也可以有多级。因为多级索引的存在，可以把高维度数组转换为一维数组或者二维数组，类似转换为 Pandas 中的 Series 和 DataFrame 这两个对象。

6.1.1 初识 Index 对象

Pandas 中 DataFrame 和 Series 都是存在索引对象的，每个 Series 对象都存在一个 index 属性，通过 index 属性可以获得当前 Series 的 Index 对象：

程序清单 6-1

```
import numpy as np
import pandas as pd
s = pd.Series(np.random.rand(5))
type(s.index)
```

代码执行结果是：

```
pandas.core.indexes.range.RangeIndex
```

上述代码通过使用 Python 内置函数 type()获取当前对象的数据类型，之后查看一下 Series 索引对象：

程序清单 6-2

```
s.index
```

代码执行结果是：

```
RangeIndex(start=0, stop=5, step=1)
```

Index 对象实际上和 Python 序列很像，有一点需要注意，Python 中的序列是可以修改的，Index 对象是不能够进行修改的：

程序清单 6-3

```
s.index[0] = "abc"
```

代码执行结果是：

```
TypeError: Index does not support mutable operations
```

6.1.2 创建并使用 Index 对象

Pandas 可以直接创建索引对象，在创建 Series 对象和 DataFrame 对象时可以直接使用。使用自定义的 Index 索引对象创建 Series 对象时，先创建一个 Index 对象，再把自定义的 Index 索引对象赋值给 Series 构造方法的 index 属性：

程序清单 6-4

```
index = pd.Index(["apple","orange"])
s = pd.Series(["red","green"],index = index)
s
```

代码执行结果是：

```
apple     red
orange    green
dtype: object
```

使用自定义的 Index 索引对象创建 DataFrame 对象时，可以把自定义的 Index 索引对象赋值给 DataFrame 构造方法的 index 属性：

程序清单 6-5

```
pd.DataFrame({"color":s,"weight":[10,11]},index = index)
```

代码执行结果是：

```
        color   weight
apple    red      10
orange  green     11
```

6.1.3　创建并使用 MultiIndex 对象

Index 索引对象是存在局限性的，实际生产经常需要多级索引，构建多级索引需要使用 MultiIndex 对象。

使用 from _ tuples( )方法创建出来的 MultiIndex 对象包含 levels 和 labels 两个属性，from _ tuples( )方法参数接收列表，列表中的元素是元组，使用 from _ tuples( )方法构建一个 MultiIndex 对象，代码如下：

程序清单　6-6

```
fruit_index = [("Apple","red"),("Apple","green"),("Orange","yellow")
,("Orange","green")]
fruit_set = pd.MultiIndex.from_tuples(fruit_index)
fruit_set
```

代码执行结果是：

```
MultiIndex(levels = [['Apple', 'Orange']
                    , ['green', 'red', 'yellow']]
                    ,labels = [[0, 0, 1, 1]
                    , [1, 0, 2, 0]])
```

from _ arrays( )方法参数接收列表，列表中的元素是列表，下面使用嵌套列表创建 MultiIndex 对象：

程序清单　6-7

```
fruit_array = np.array([["Apple","Apple","Orange","Orange"]
                       ,["red","green","yellow","green"]])
pd.MultiIndex.from_arrays(fruit_array)
```

代码执行结果是：

```
MultiIndex(levels = [['Apple', 'Orange']
             , ['green', 'red', 'yellow']]
             ,labels = [[0, 0, 1, 1]
             , [1, 0, 2, 0]])
```

MultiIndex 是一个类，通过 pd. MultiIndex 创建对象，在创建对象之前需要对 levels 和 labels

有一个了解：

1）levels 表示标签索引。

2）labels 表示每个标签索引所在的位置。

程序清单 6-8

```
pd. MultiIndex(levels = [['apple','orange']
                        ,['red','green']]
              ,labels = [[0,0,1,1]
                        ,[0,1,0,1]])
```

代码执行结果是：

```
MultiIndex(levels = [['apple', 'orange']
                    , ['red', 'green']]
          ,labels = [[0, 0, 1, 1]
                    , [0, 1, 0, 1]])
```

除上述的方法外，还可以通过 pd. Index 函数直接创建 MultiIndex 对象：

程序清单 6-9

```
pd. Index([("apple","red")
          ,("apple","green")
          ,("orange","red")
          ,("orange","green")])
```

代码执行结果是：

```
MultiIndex(levels = [['apple', 'orange']
                    , ['green', 'red']]
          ,labels = [[0, 0, 1, 1]
                    , [1, 0, 1, 0]])
```

通过上述的多种方法创建多级索引对象之后，可以在创建 Series 对象和 DataFrame 时直接进行使用，需要注意的是，MultiIndex 索引对象和 Index 对象都是不允许进行修改的：

程序清单 6-10

```
fruit_index = [("Apple","red")
              ,("Apple","green")
              ,("Orange","red")
              ,("Orange","green")]
fruit_set = pd. MultiIndex. from_tuples(fruit_index)
data = pd. Series([1,2,3,4],index = fruit_set)
data
```

代码执行结果是：

```
Apple    red     1
         green   2
Orange   red     3
         green   4
dtype: int64
```

当前对一维 Series 实例对象添加多级索引后和 DataFrame 的数据结构很像，实际上多级索引的 Series 对象可以转换成 DataFrame 对象，使用转换函数可以对多级索引的 Series 对象进行转换。Pandas 中有方法可以实现把 Series 对象直接转换成 DataFrame 对象，也可以把 DataFrame 对象转换成 Series 对象。例如，unstack()函数可以把多级索引的 Series 对象一级索引作为 DataFrame 对象的行索引，多级索引的 Series 对象二级索引作为 DataFrame 对象的列索引：

程序清单　6-11

```
data.unstack()
```

代码执行结果是：

```
        green  red
Apple     2     1
Orange    4     3
```

type()函数打印转换前和转换后的数据对象类型，验证当前 unstack()函数是否成功转换类型：

程序清单　6-12

```
print(type(data))
print(type(data.unstack()))
```

代码执行结果是：

```
<class 'pandas.core.series.Series'>
<class 'pandas.core.frame.DataFrame'>
```

从上述结果可以看出，Series 对象转换为 DataFrame()对象，实际上也可以把 DataFrame 对象转换为 Series 对象：

程序清单　6-13

```
data.unstack().stack()
```

代码执行结果是：

```
  Apple   green  2
           red   1
Orange    green  4
           red   3
dtype: int64
```

多级索引除了可以应用在 Series 对象，也可以应用在 DataFrame 对象，通过向 pd. DataFrame( )函数中传递字典类型数据，字典的 key 作为新生成数据的列索引，value 需要的是一个多级索引的 Series 对象，新生成的数据的行索引就是多级索引的 Series 对象索引：

程序清单 6-14

```
fruit = pd.DataFrame({"weight":data,"weight1":data})
fruit
```

代码执行结果是：

```
              weight  weight1
Apple   red      1        1
green            2        2
Orange  red      3        3
green            4        4
```

DateFrame 类型的实例对象，可以通过实例对象的 index 属性获取索引对象：

程序清单 6-15

```
fruit.index
```

代码执行结果是：

```
MultiIndex(levels=[['Apple', 'Orange']
                   ,['green', 'red']]
                   ,labels=[[0, 0, 1, 1]
                   ,[1, 0, 1, 0]])
```

使用 Index 对象和 MultiIndex 对象当成索引来创建多级索引的 Pandas 实例对象。

6.2 索引及切片

数据分析任务中需要对数据集中的部分数据进行提取分析，在 NumPy 中可以使用索引和切片的方式获取数据，在 Series 和 DataFrame 对象中也可以使用索引和切片进行数据的获取。

6.2.1 Series 对象

创建一个 Series 对象：

程序清单　6-16

```
import numpy as np
import pandas as pd
data = np.array([100,200,300,400,500,600,700,800])
gdp = pd.Series(data,index = ['重庆','天津','苏州','杭州','深圳','广州','上海','北京'])
```

代码执行结果是：

```
重庆      100
天津      200
苏州      300
杭州      400
深圳      500
广州      600
上海      700
北京      800
dtype: int32
```

创建原始数据之后，若想要获取数据集中的某一列数据，可以用类似 Python 列表使用索引获取数据的方式，在 Pandas 中可以使用同样的方式来获取数据，如获取索引为北京对应的数据：

程序清单　6-17

```
gdp['北京']
```

代码执行结果是：

```
800
```

Series 对象可以看成类似 Python 字典格式的数据，Series 对象的每一行都是由一个 key 和一个 value 组成的数据对，可以使用类似字典的方式对数据集中的索引是否存在进行判断，如"北京"索引是否存在数据集中：

程序清单　6-18

```
"北京" in gdp
```

代码执行结果是：

```
True
```

Pandas 中还提供 keys()方法，返回 Series 的索引对象：

程序清单　6-19

```
gdp.keys()
```

代码执行结果是：

```
Index(['重庆','天津','苏州','杭州'
      ,'深圳','广州','上海','北京'], dtype = 'object')
```

Pandas 中还提供 items()方法，返回 key - value 对数据：

程序清单 6-20

```
list(gdp.items())
```

代码执行结果是：

```
[('重庆', 100),('天津', 200),('苏州', 300)
,('杭州', 400),('深圳', 500),('广州', 600)
,('上海', 700),('北京', 800)]
```

Series 对象可以看成类似 Python 列表格式的数据，把 Series 对象看成列表，可以在“[]”符号中放入不同位置的下标，数据索引使用的是 Series 对象中的标签组成的列表，从而获得新的 Series 对象：

程序清单 6-21

```
gdp[["北京","上海","大连"]]
```

代码执行结果是：

```
北京    800
上海    700
大连    1000
dtype: int64
```

实际上 Pandas 在 NumPy 基础上对很多功能进行了相应的扩展，从而提供了很多对数据集操作的新方法，因此 Pandas 中的方法和 NumPy 中的方法很相似。

程序清单 6-22

```
gdp >500
```

代码执行结果是：

```
重庆    False
天津    False
苏州    False
杭州    False
```

```
深圳      False
广州      True
上海      True
北京      True
大连      True
dtype: bool
```

使用布尔索引过滤数据，查询 GDP 大于 500 的数据：

程序清单 6-23

```
gdp[gdp >500]
```

代码执行结果是：

```
广州      600
上海      700
北京      800
大连     1000
dtype: int64
```

若要了解使用布尔索引获取到新的数据集是何种数据类型，可以通过 type()函数进行打印：

程序清单 6-24

```
type(gdp >500)
```

代码执行结果是：

```
pandas. core. series. Series
```

从上述结果中可以看出，布尔索引获取到新的数据集是 Series 对象，在对数据集进行索引的时候，可以传递列表对象，如果列表中的值不是 Series 对象的索引，而是采用 True 和 Flase 标识进行索引数据时，标识位的数据长度需要和 Series 对象的结构一致，否则可能会抛出 IndexError：

程序清单 6-25

```
gdp[[True,True,True]]
```

代码执行结果是：

```
IndexError: boolean index did not match indexed array along dimension 0; dimensionis 9 but corresponding boolean dimension is 3
```

代码执行结果是：

程序清单 6-26

```
gdp[[True,True,True,True,True,True,True,True,True]]
```

代码执行结果是:

```
重庆    100
天津    200
苏州    300
杭州    400
深圳    500
广州    600
上海    700
北京    800
大连    1000
dtype: int64
```

除上述方式之外，还可以使用下述方式对数据进行索引，冒号的左面代表从原始数据集中获取元素的索引起始位置，冒号的右面代表从原始数据集中获取元素的索引终止位置:

程序清单 6-27

```
data = gdp["苏州":"北京"]
data
```

代码执行结果是:

```
苏州    300
杭州    400
深圳    500
广州    600
上海    700
北京    800
dtype: int64
```

上述的代码和 Python 序列切片很类似，但是还是有一些区别: Python 序列切片获取数据包括前但不包括后，但 Pandas 中既包括前也包括后。

Pandas 中使用类似的操作和序列时，切片获得的数据是新的数据集，也就是原始数据集的子集副本数据。

程序清单 6-28

```
data["大连"]  = 2000
data
```

代码执行结果是:

```
重庆      100
天津      200
苏州      300
杭州      400
深圳      500
广州      600
上海      700
北京      800
大连     2000
dtype: int64
```

创建的 Series 对象使用新的索引覆盖了原有 Series 对象的索引，实际上原有的索引还可以继续使用，如可以使用索引获取 Series 对象中的元素：

程序清单　6-29

```
gdp[0]
```

代码执行结果是：

```
100
```

使用原有索引的话，切片获得的数据是包括前但不包括后的。

程序清单　6-30

```
gdp[0:3]
```

代码执行结果是：

```
重庆      100
天津      200
苏州      300
dtype: int64
```

使用原始索引和自定义索引时，有一些注意事项，如上述的代码使用的自定义索引是字符串类型，自定义索引类型和原始索引类型相同时会发生索引的错乱：

程序清单　6-31

```
data = pd.Series(np.random.rand(5),index = [1,2,3,4,5])
data[1:3]
```

代码执行结果是：

```
2      0.153171
3      0.312872
dtype: float64
```

自定义索引数据类型和原始索引数据类型一致时，索引数据会出现问题，针对此问题，Pandas 提供了 iloc 的用法，使用 iloc 可以有效避免上述的问题，使用单个索引获取元素：

程序清单 6-32

```
data.iloc[0]
```

代码执行结果是：

```
0.8752496138975763
```

使用切片方式获取数据：

程序清单 6-33

```
data.iloc[0:2]
```

代码执行结果是：

```
1    0.875250
2    0.153171
dtype: float64
```

除了可以使用 iloc 工具之外，还有一个常用的工具是 loc。iloc 一般用于根据原始索引获取数据，loc 一般是用户根据自定义索引进行数据的获取，如使用 loc 对索引为 0 的位置进行数据的获取，系统会抛出 KeyError，因为用户自定义索引没有 0：

程序清单 6-34

```
data.loc[0]
```

代码执行结果是：

```
KeyError: 'the label [0] is not in the [index]'
```

loc 还可以搭配切片使用：

程序清单 6-35

```
data.loc[1:3]
```

代码执行结果是：

```
1    0.875250
2    0.153171
3    0.312872
dtype: float64
```

6.2.2　DataFrame 对象

DataFrame 对象的本质是多个 Series 对象及一个公用索引组成的数据集，在使用 DataFrame 时可以当成二维数组：

程序清单　6-36

```
area = pd.Series([1000,2000,3000],index = ["北京","杭州","苏州"])
gdp = pd.Series([100,200,300],index = ["北京","杭州","苏州"])
data = pd.DataFrame({"area":area,"gdp":gdp})
data
```

代码执行结果是：

```
      area   gdp
北京  1000   100
杭州  2000   200
苏州  3000   300
```

上一节介绍了如何使用 iloc 对 Series 对象进行数据提取，下面介绍使用 iloc 对 DataFrame 类型的数据进行数据获取的方法，使用单个索引进行数据获取：

程序清单　6-37

```
data.iloc[0]
```

代码执行结果是：

```
area    1000
gdp     100
Name:北京, dtype: int64
```

iloc 使用默认索引获取数据，loc 工具使用自定义索引获取数据，下面使用 loc 获取索引为“北京”对应的 area 和 gdp 的数据：

程序清单　6-38

```
data.loc["北京"]
```

代码执行结果是：

```
area    1000
gdp     100
Name:北京, dtype: int64
```

6.3 本章小结

本章介绍了索引对象、Index 对象的创建、MultiIndex 对象的创建及基本使用，并且介绍了多级索引对象之间的相互转换。此外，还介绍了数据分析中获取原始数据子集的两种常用方法：loc 和 iloc ，以及在使用过程中如何避免一些错误。Pandas 数据分析经常和其他方法一同使用，下一章将讨论数据合并和字符串的常见操作。

6.4 练习

1）创建如下的数据集，之后对 gdp 字段进行提取：

area	gdp	
北京	1000	100
杭州	2000	200
苏州	3000	300

2）使用 MultiIndex 对象创建一个 3 行 2 列的数据集。

3）如果想查看一个对象的数据类型，应该用哪一个内置函数？

第7章 Chapter 7

Pandas数据合并及常见字符串处理

本章学习目标

- 了解数据合并的基础概念
- 掌握数据合并的方法
- 了解 Pandas 中的字符串声明
- 掌握 Pandas 中字符串的相关操作

科学家和工程师习惯于做各种实验。他们在进行数据分析或者数据挖掘时都会遇到把不同的数据集中的子集合并成另一个子集的操作，然后再进行数据分析或者数据挖掘等数据科学实验。数据研发工程师在做数据分析时也经常会遇到非数值型的数据，如字符串。Pandas 提供了很多处理字符串的方法，本章将介绍如何使用 Pandas 完成数据合并及常见的字符串处理。

7.1 字符串常见操作

Python 语言本身提供了很多针对字符串的操作方法，以下代码演示了一些方法的使用：

程序清单 7-1

```
import numpy as np
import pandas as pd
data1 = ["hello","world"]
[data.capitalize() for data in data1]
```

代码执行结果是：

```
['Hello', 'World']
```

capitalize 方法把每个词汇的首字母变成大写，上述的代码看起来非常简单，使用上述的方式处理数据会存在以下问题：

程序清单 7-2

```
data2 = ["hello","world",None]
[data.capitalize() for data in data2]
```

代码执行结果是：

```
AttributeError    Traceback (most recent call last)
<ipython-input-6-a6c9b6e59565> in <module>()
      1 data2 = ["hello","world",None]
----> 2 [data.capitalize() for data in data2]
<ipython-input-6-a6c9b6e59565> in <listcomp>(.0)
      1 data2 = ["hello","world",None]
----> 2 [data.capitalize() for data in data2]
AttributeError: 'NoneType' object has no attribute 'capitalize'
```

从程序执行结果可以看出，功能如此强悍的 Python 处理列表的方法也出了问题，主要原因是列表中存在空值。大数据的时代，人们在处理数据时会经常遇到数据为空的现象，而 Python 处理列表的方式不能得到很好的实践，其解决方法是矢量化字符串。

程序清单 7-3

```
data2 = pd.Series(data2)
data2
```

代码执行结果是：

```
0  hello
1  world
2  None
dtype: object
```

程序清单 7-4

```
data2.str.capitalize()
```

代码执行结果是：

```
0  Hello
1  World
2  None
dtype: object
```

对 Python 的列表进行矢量化有两个常用的方法，分别是 pd.Series()和 pd.DataFrame()，这两种方式获得对象的过程相当于对象矢量化。如果传递的是列表，列表中的数据是由字符串和空值组成的，也可以说是矢量化字符串。

程序清单 7-5

```
int_data=[1,2,3,None]
int_data=pd.Series(int_data)
int_data
```

代码执行结果是：

```
0    1.0
1    2.0
2    3.0
3    NaN
dtype: float64
```

将 Python 的列表进行矢量化之后，可以避免因元素为空造成的错误，如将列表进行矢量化之后可以使用空值和其他数值进行计算，但是 Python 的列表是不可以的，Python 列表和数值进行计算往往会出现 TypeError：

程序清单 7-6

```
int_data + 10
```

代码执行结果是：

```
0    11.0
1    12.0
2    13.0
3    NaN
dtype: float64
```

程序清单 7-7

```
int_data=[1,2,3,None]
int_data + 10
```

代码执行结果是：

```
TypeError    Traceback (most recent call last)
<ipython-input-20-4a8b9efced4c> in <module>()
----> 1 int_data+10
TypeError: can only concatenate list (not "int") to list
```

将数据进行矢量化的好处很多，如 Pandas 会把 None 数据转换为特殊的浮点数，这样 NaN 之后的数据就可以进行数值计算了。对于整数的列表矢量化和字符串矢量化还是有一些区别的：整数列表矢量化后新的数据集中的元素如果没有发生类型转换就为原始数据集元素类型，如果发生类型转换就为 float64；字符串矢量化后其新的数据集的元素都是 object 类型：

程序清单 7-8

```
int_data = [1,2,3,None]
int_data = pd.Series(int_data)
str_data = ["hello","world",None]
str_data = pd.Series(str_data)
print(int_data)
print(str_data)
```

代码执行结果是：

```
0    1.0
1    2.0
2    3.0
3    NaN
dtype: float64
0    hello
1    world
2    None
dtype: object
```

若对 Python 对象进行矢量化，由于 Python 对象的不同，从而得到的矢量化数据也各有差异。

使用 dir（""）获取 Python 字符串类型的属性及方法，使用 dir（str_data.str）获取矢量化字符串的属性及方法，np.intersect1d()函数需要两个参数，对两个列表中的元素取交集之后，可以查看原生字符串的属性和方法与矢量化字符串属性和方法的相似度：

程序清单 7-9

```
data1 = dir("")
data2 = dir(str_data.str)
share = np.intersect1d(data1,data2)
share
```

代码执行结果是：

```
array(['__class__', '__delattr__', '__dir__', '__doc__', '__eq__',
       '__format__', '__ge__', '__getattribute__', '__getitem__',
       '__gt__', '__hash__', '__init__', '__init_subclass__', '__iter__',
          '__le__', '__lt__', '__ne__', '__new__', '__reduce__',
          '__reduce_ex__', '__repr__', '__setattr__', '__sizeof__',
          '__str__', '__subclasshook__', 'capitalize', 'center', 'count',
          'encode', 'endswith', 'find', 'index', 'isalnum', 'isalpha',
```

```
'isdecimal', 'isdigit', 'islower', 'isnumeric', 'isspace',
'istitle', 'isupper', 'join', 'ljust', 'lower', 'lstrip',
'partition', 'replace', 'rfind', 'rindex', 'rjust', 'rpartition',
'rsplit', 'rstrip', 'split', 'startswith', 'strip', 'swapcase',
'title', 'translate', 'upper', 'zfill'], dtype = '<U17')
```

可以看出，Python 字符串的属性和方法与矢量化字符串的属性和方法基本一致，所以在使用矢量化字符串时可以参考 Python 字符串的操作经验。

7.2　Series 类中 str 对象的方法

Series 类中存在属性 str，str 属性本质上也是一个对象，其内部提供了很多字符串处理的方法。

1）cat()函数用于拼接字符串，该函数经常用在数据分析领域中尤其是分布式计算中，计算模型经常会根据字符串取 hash 值进行分布式计算，此时为了负载均衡的考虑会对字符串和其他字符串进行拼接，sep 参数是对位数据之间的连接符：

程序清单　7-10

```
pd.Series(['hello', 'hello']).str.cat(['world', 'world'], sep = '-')
```

代码执行结果是：

```
0    hello - world
1    hello - world
dtype: object
```

2）split()函数用于切分字符串，字符串切割经常在数据分析领域中予以使用，尤其是在分布式计算中经典概念去除随机前缀这个算法上会经常用到，一般也会搭配上述提及的 cat()函数：

程序清单　7-11

```
s = pd.Series(['1_2_3', 'a_b_c', np.nan])
s.str.split('_')
```

代码执行结果是：

```
0    [1, 2, 3]
1    [a, b, c]
2       NaN
dtype: object
```

3）get()函数用于获取指定位置的字符串：

程序清单 7-12

```
print(s.str.get(0))
```

代码执行结果是：

```
0      1
1      a
2    NaN
dtype: object
```

4）join()函数用于对每个字符串中的每个字符使用指定的分隔符进行连接，如果是 NaN 的话，那么结果也是 NaN：

程序清单 7-13

```
s = pd.Series(['hello', 'world',np.nan])
s.str.join("-")
```

代码执行结果是：

```
0    h-e-l-l-o
1    w-o-r-l-d
2          NaN
dtype: object
```

5）contains()函数表示数据中是否包含指定的表达式，数据分析的时候经常会筛选符合条件的样本数据进行分析，该函数可以匹配一个字符串中是否包含某些字符：

程序清单 7-14

```
s.str.contains("h")
```

代码执行结果是：

```
0     True
1    False
2      NaN
dtype: object
```

6）replace()函数表示替换，此函数经常用于数据清洗，很多数据中存在一些无价值的噪声数据，可以使用该函数进行非法字符过滤等操作：

程序清单 7-15

```
s.str.replace("l", "-")
```

代码执行结果是：

```
0      he--o
1      wor-d
2        NaN
dtype: object
```

7）repeat( )函数可以让数据重复出现，此函数可以让字符串重复生成，常用于构造数据：

程序清单　7-16

```
s.str.repeat(4)
```

代码执行结果是：

```
0      hellohellohellohello
1      worldworldworldworld
2      NaN
dtype: object
```

8）pad( )函数用于数据左右对齐，此函数可以格式化字符串，使字符串更加美观：

程序清单　7-17

```
s.str.pad(10, fillchar="-")
```

代码执行结果是：

```
0      -----hello
1      -----world
2             NaN
dtype: object
```

程序清单　7-18

```
s.str.pad(10, side="right", fillchar="-")
```

代码执行结果是：

```
0      hello-----
1      world-----
2             NaN
dtype: object
```

9）center( )函数表示字符串中间补齐，此函数可以格式化字符串，使字符串更加美观：

程序清单　7-19

```
s.str.center(10, fillchar="-")
```

代码执行结果是：

```
0    --hello---
1    --world---
2          NaN
dtype: object
```

10）slice( )函数按照开始和结束位置切割字符串，此函数可以对原有的字符串在指定位置进行切割，默认索引从零开始，区间为左闭右开区间：

程序清单 7-20

```
s.str.slice(1,3)
```

代码执行结果是：

```
0    el
1    or
2    NaN
dtype: object
```

11）slice_replace( )函数使用给定的字符串替换指定位置的字符，如下代码是从索引为 1 的元素开始到索引为 3 的元素结束，期间使用问号进行替换，区间为左闭右开区间：

程序清单 7-21

```
s.str.slice_replace(1, 3, "?")
```

代码执行结果是：

```
0    h?lo
1    w?ld
2     NaN
dtype: object
```

程序清单 7-22

```
s.str.slice_replace(1, 3, "---")
```

代码执行结果是：

```
0    h---lo
1    w---ld
2     NaN
dtype: object
```

12）count( )函数用于计算给定单词出现的次数，数据分析中经常会统计某些关键词出现的次数，此函数可以判断数据集中是否存在噪声数据、数据集是否合理、数据集是否符合正态分布，从而为后面的数据分析提供基础的统计支持：

程序清单　7-23

```
s.str.count("l")
```

代码执行结果是：

```
0    2.0
1    1.0
2    NaN
dtype: float64
```

13）startswith()函数用于判断是否以给定的字符串开头，此函数可以判断字符串是否以指定规则开头，返回值类型为布尔型：

程序清单　7-24

```
s.str.startswith("h")
```

代码执行结果是：

```
0    True
1    False
2    NaN
dtype: object
```

14）endswith()函数用于判断是否以给定的字符串结束，此函数和上述函数的结果正好相反：

程序清单　7-25

```
s.str.endswith("o")
```

代码执行结果是：

```
0    True
1    False
2    NaN
dtype: object
```

15）match()函数用于检测字符串是否全部匹配给定的字符串或者表达式，数据分析中常用于对整体数据集中符合规则的部分数据集进行分析，按照上述的函数使用手动传递规则（字符串）的方式进行样本数据的筛选十分复杂，Pandas 已经考虑到该问题并提供正则表达式进行样本数据的筛选：

程序清单　7-26

```
s.str.match("[a-z]")
```

代码执行结果是：

```
0    True
1    True
2    NaN
dtype: object
```

16）extract( )函数表示抽取匹配的字符串，此函数用于提取子数据的操作：

程序清单 7-27

```
s.str.extract("([a-z])")
```

代码执行结果是：

```
     0
0    h
1    w
2  NaN
```

17）len( )函数用于计算字符串的长度，此函数可以帮助统计字符串的长度，常用于检测字符串是否符合指定规则。例如，用户经常在网页上进行登录的操作，输入的用户名和密码也是有一定长度限制的，该函数可以对大量的用户登录数据通过数据分析来检测哪些 IP 经常出现异常登录：

程序清单 7-28

```
s.str.len()
```

代码执行结果是：

```
0    5.0
1    5.0
2    NaN
dtype: float64
```

18）strip( )函数可以去除空白字符，很多文本经常会出现无用字符，但是这些无用字符对数据分析没有任何用处，使用此函数过滤掉无用空白字符：

程序清单 7-29

```
strlist = pd.Series([' hello', 'world   ', ' helloworld '])
strlist
```

代码执行结果是：

```
0        hello
1        world
2   helloworld
dtype: object
```

程序清单　7-30

```
strlist.str.strip()
```

代码执行结果是：

```
0        hello
1        world
2   helloworld
dtype: object
```

19）lower()函数表示字符串全部转换为小写，可以把字符串中每个字符全部转换为小写：

程序清单　7-31

```
strlist = pd.Series([' Hello', 'world   ', ' hellOworld '])
strlist
```

代码执行结果是：

```
0              Hello
1           world
2       hellOworld
dtype: object
```

程序清单　7-32

```
strlist.str.lower()
```

代码执行结果是：

```
0              hello
1           world
2       helloworld
dtype: object
```

20）upper()函数表示字符串全部转换为大写，可以把字符串中每个字符全部转换为大写：

程序清单　7-33

```
strlist.str.upper()
```

代码执行结果是：

```
0        HELLO
1        WORLD
2   HELLOWORLD
dtype: object
```

21）find()函数表示从左边开始查找给定字符串的所在位置，可以查询字符串中字符首次出现的位置，返回结果为索引：

程序清单 7-34

```
strlist.str.find('h')
```

代码执行结果是：

```
0   -1
1   -1
2    1
dtype: int64
```

程序清单 7-35

```
strlist.str.find('ll')
```

代码执行结果是：

```
0    3
1   -1
2    3
dtype:int64
```

22）swapcase()函数表示字符串大小写互换，此函数用得比较少，一般是字符串大小写互换：

程序清单 7-36

```
strlist.str.swapcase()
```

代码执行结果是：

```
0        hELLO
1        WORLD
2   HELLoWORLD
dtype: object
```

7.3 数据拼接

Pandas 中的 concat()方法可以进行数据的拼接，数据拼接可以使两个或两个以上的数组合并成一个数组。

7.3.1　低维度数据合并

数据分析中经常会对不同的数据集进行合并，把有固定行和固定列的数据集和另外的数据集进行合并，从而形成一个维度更大的数据集，这种方式常用于数据分析领域中，如下列代码所示：

程序清单　7-37

```
import pandas as pd
import numpy as np
data1 = pd.Series(['aa','bb','cc','dd'],index = ['a','b','c','d'])
data2 = pd.Series(['a1','b2','c3','d4'],index = ['a1','b2','c3','d4'])
pd.concat([data1,data2])
```

代码执行结果是：

```
a    aa
b    bb
c    cc
d    dd
a1   a1
b2   b2
c3   c3
d4   d4
dtype: object
```

7.3.2　高维度数据合并

数据分析中有两种数据合并的方式，上述的方式是对一维的数据集进行合并，在实际开发中对多维度的数据集进行合并的场景比较多，下面的代码是对多维数据集进行数据集的合并：

程序清单　7-38

```
df1 = pd.DataFrame([[1,1],[2,2]])
df2 = pd.DataFrame([[3,3],[4,4]])
pd.concat([df1,df2])
```

代码执行结果是：

```
   0  1
0  1  1
1  2  2
0  3  3
1  4  4
```

Pandas 中的 concat( )函数是按照默认轴向为行索引的自然顺序进行合并的，在实际的开发中如果需要在数据合并的时候指定合并的轴向，可以使用函数中的 axis 参数，这个参数的默认值为 0。

程序清单 7-39

```
df1 = pd.DataFrame([[1,1],[2,2]])
df2 = pd.DataFrame([[3,3],[4,4]])
pd.concat([df1,df2],axis = 1)
```

代码执行结果是：

```
   0  1  0  1
0  1  1  3  3
1  2  2  4  4
```

程序清单 7-40

```
df1 = pd.DataFrame([[1,1],[2,2]])
df2 = pd.DataFrame([[3,3],[4,4]])
pd.concat([df1,df2],axis =0)
```

代码执行结果是：

```
   0  1
0  1  1
1  2  2
0  3  3
1  4  4
```

使用 concat( )函数的时候，以下参数为 concat 函数的默认值：

pd.concat (objs, axis =0, join = 'outer', join _ axes = None, ignore _ index = False, keys = None, levels = None, names = None, verify _ integrity = False, sort = None, copy = True)。

使用 concat( )函数进行数据拼接时可能会遇到两个数据集存在相同索引的情况，解决方案如下：

程序清单 7-41

```
df1 = pd.DataFrame([[1,1],[2,2]])
df1
```

代码执行结果是：

```
   0  1
0  1  1
1  2  2
```

程序清单　7-42

```
df2 = pd.DataFrame([[3,3],[4,4]])
df2
```

代码执行结果是：

```
   0  1
0  3  3
1  4  4
```

程序清单　7-43

```
pd.concat([df1,df2])
```

代码执行结果是：

```
   0  1
   0  1
1  2  2
0  3  3
1  4  4
```

在对数据进行拼接时，索引是分别使用两个数据集的默认索引进行拼接的，这种方式并不好，因为针对某一个索引进行数据提取是存在代码歧义的，会造成代码混乱。此时可以使用 ignore_index 参数，设置为 True，在数据拼接的时候忽略数据集的默认索引，改为按照自然顺序为数据集添加索引。

7.4　数据连接

Pandas 中的数据连接可以实现三种语义的数据拼接，分别是一对一、多对一和一对多。实现一对一语义的数据连接，如果读者了解常见的数据库操作，应该对这部分代码非常熟悉，数据连接在数据库中是类似 inner join 语法：

程序清单　7-44

```
df1 = pd.DataFrame({'key1':['a','b','c','d']
                   ,'key2':['e','f','g','h']})
df1
```

代码执行结果是：

```
   key1  key2
     0     a
1    b     f
2    c     g
3    d     h
```

程序清单 7-45

```
df2 = pd.DataFrame({'key1':['a','b','c','d']
                    ,'key4':['e1','f1','g1','h1']})
df2
```

代码执行结果是：

```
   key1  key4
0    a    e1
1    b    f1
2    c    g1
3    d    h1
```

程序清单 7-46

```
df1.join(df2, lsuffix = '_caller', rsuffix = '_other')
```

代码执行结果是：

```
key1_callerkey2  key1_otherkey4
0  a  e  a  e1
1  b  f  b  f1
2  c  g  c  g1
3  d  h  d  h1
```

7.5 本章小结

本章介绍了字符串中的常用操作，如矢量化字符串提供的 cat、split、get、join 等方法；在进行数据分析时经常会对不同数据源中的数据子集进行拼接等操作，本章还介绍了如何使用 Python 进行数据的拼接，对不同的数据集进行通过主键关联等操作；最后介绍了数据的连接操作。下一章将继续讨论 Pandas 分组。

7.6 练习

1）请把字符串“abc”转换为大写。

2）测试字符串“a123bcde”中是否存在字符。

3）对列表中［‘a’，‘b’，‘c’］中的每一个字符使用“-”进行关联，打印的结果应为“a-b-c”。

第8章 Chapter 8

Pandas分组

本章学习目标

- 了解分组基础概念
- 了解数据聚合基础概念
- 掌握分组后使用聚合函数统计

在数据分析时，会经常用到数据分组的功能，比如已知多个城市的数据信息，如果想统计每个城市的平均薪资，则需要对城市进行分组并对薪资进行聚合统计；再如想看一下某个城市大数据岗位对技能的热度，则需要对某个城市的技能进行分组并对招聘中技能出现的次数进行统计；此外，还有很多其他能够使用分组和聚合的场景。本章将介绍如何使用Pandas完成数据的分组和聚合操作。

8.1 数据分组

在进行数据分析的时候，经常会对某一个列进行分组并统计每个组内的数据，从而为未来的数据分析提供一些统计学的指标作为支持。Pandas 科学计算模块提供了一个灵活高效的 groupby()功能，此函数能以一种高效而便捷的方式对数据集进行分组操作。用户可以根据一个或多个键把 Pandas 对象拆分为多个组，根据每个小组进行统计，如计数、平均值、标准差，或用户自定义函数。Pandas 中经常用到的数据分组的函数是 groupby()函数，分组可以针对行（axis =0）或列（axis =1），首先创建一个 DataFrame 对象：

程序清单 8-1

```
from pandas import DataFrame,Series
import pandas as pd
import numpy as np
df = DataFrame({"k1":['a','b','c','d','a','b'],
                "k2":["o1","o2","o1","o2",'o1','o2'],
```

```
                    "d1":np.random.randn(6),
                    "d2":np.random.randn(6)})
df
```

代码执行结果是：

```
   k1  k2        d1         d2
0   a  o1  1.018047   0.338525
1   b  o2  0.157693  -1.056489
2   c  o1  0.097036  -1.372537
3   d  o2 -0.723118   1.139504
4   a  o1  0.485703   0.964570
5   b  o2  0.024246   1.528142
```

选中 k1 这一列进行分组，之后再统计分组后每个组的元素个数：

程序清单 8-2

```
df.groupby([df["k1"]]).count()
```

代码执行结果是：

```
    k2  d1  d2
k1
a    2   2   2
b    2   2   2
c    1   1   1
d    1   1   1
```

对 k1 列进行分组，如何获取 d1 列的最大值呢？先从数据集中获取 d1 列的数据，之后针对当前数据集按照 k1 列进行分组：

程序清单 8-3

```
data1 = df['d1']
data1
```

代码执行结果是：

```
0    1.018047
1    0.157693
2    0.097036
3   -0.723118
4    0.485703
5    0.024246
Name: d1, dtype: float64
```

对 k1 列使用 groupby()函数之后，会返回分组的对象，数据类型为 pandas. core. groupby. groupby. SeriesGroupBy：

程序清单　8-4
```
d1_group = data1.groupby(df["k1"])
type(d1_group)
```

代码执行结果是：

```
pandas.core.groupby.groupby.SeriesGroupBy
```

SeriesGroupBy 类型对象中提供了聚合方法，如 max()：

程序清单　8-5
```
d1_group.max()
```

代码执行结果是：

```
k1
a    1.018047
b    0.157693
c    0.097036
d   -0.723118
Name: d1, dtype: float64
```

上述 max()聚合指标已经对从数据源进行数据分组和聚合有了一个初步的了解，常用的聚合函数有 sum()、mean()、min()、max()、median()和 size()，下面的程序将列举这些函数的使用方法。

size()函数查看分组后每组内存在多少元素数据：

程序清单　8-6
```
d1_group.size()
```

代码执行结果是：

```
k1
a    2
b    2
c    1
d    1
Name: d1, dtype: int64
```

使用 mean()函数对分组后的数据进行平均值统计：

程序清单　8-7
```
d1_group.mean()
```

代码执行结果是:

```
a      0.751875
b      0.090970
c      0.097036
d     -0.723118
Name: d1, dtype: float64
```

使用 median()函数对分组后的数据进行中位数统计:

程序清单 8-8

```
d1_group.median()
```

代码执行结果是:

```
k1
a      0.751875
b      0.090970
c      0.097036
d     -0.723118
Name: d1, dtype: float64
```

使用 sum()函数对分组后的数据进行累计求和统计:

程序清单 8-9

```
d1_group.sum()
```

代码执行结果是:

```
k1
a      1.503750
b      0.181939
c      0.097036
d     -0.723118
Name: d1, dtype: float64
```

在 Pandas 中，describe()函数可以直观地看到数据集中数据的分布。

8.2 数据分组高级使用

DataFrame 中存在很多高级操作，如按照多个条件对数据集进行分组后统计，首先创建一个 DataFrame 对象:

程序清单　8-10

```
df = DataFrame({"k1":['a','b','a','b','a','b'],
                "k2":["o1","o2","o2","o1",'o1','o2'],
                "d1":np.random.randn(6),
                "d2":np.random.randn(6)})
df
```

代码执行结果是：

```
   k1  k2        d1         d2
0  a   o1   1.790157   0.923035
1  b   o2   1.339216   0.089185
2  a   o2  -1.546262   0.751614
3  b   o1   1.723158   1.386455
4  a   o1   0.836353  -1.952344
5  b   o2   0.073291  -1.239616
```

指定多列数据作为分组列，例如获取数据集中 d1 这一列的数据，之后使用 k1、k2 作为分组字段对每个小组内的元素进行均值统计：

程序清单　8-11

```
group_d = df['d1'].groupby([df['k1'],df['k2']])
group_d.mean()
```

代码执行结果是：

```
   k1       k2
a  o1    1.313255
o  2    -1.546262
b  o1    1.723158
o  2     0.706254
Name: d1, dtype: float64
```

针对上述的实现方式还可以先根据键进行分组，之后再选取需要的列进行聚合统计：

程序清单　8-12

```
group_d = df.groupby(["k1","k2"])
group_d["d1"].mean()
```

代码执行结果是：

```
   k1       k2
a  o1    1.313255
   o2   -1.546262
```

```
b  o1   1.723158
   o2   0.706254
Name: d1, dtype: float64
```

上述程序可以对两个键的数据进行分组，得到一个具有多级索引的 Series 对象，实际分组可以是数组：

程序清单 8-13

```
df = pd.DataFrame({'key1':['a', 'a', 'b', 'b', 'a'],
                   'key2':['yes', 'no', 'no', 'yes', 'no'],
                   'data1':np.random.randn(5),
                   'data2':np.random.randn(5)})
```

代码执行结果是：

```
   key1  key2     data1      data2
0   a    yes   -0.728739  -0.223903
1   a    no     0.343407   1.777855
2   b    no     0.519724   0.876595
3   b    yes   -0.185441   0.818108
4   a    no    -1.772139   0.482806
```

使用自定义数组进行数据的分组：

程序清单 8-14

```
flag = np.array(['a', 'b', 'b', 'a', 'a'])
years = np.array([2019, 2019, 2020, 2019, 2020])
df['data1'].groupby([flag, years]).mean()
```

代码执行结果是：

```
a  2019   -0.457090
   2020   -1.772139
b  2019    0.343407
   2020    0.519724
Name: data1, dtype: float64
```

groupby 对象支持迭代，可以产生一组二元元组，能针对二元组的数据迭代处理数据，迭代的 name 是分组的 key 的取值，group 为分组后的数据：

程序清单 8-15

```
for name, group in df.groupby('key1'):
    print(name)
    print(group)
```

代码执行结果是：

```
a
    key1  key2     data1       data2
0    a    yes   -0.728739   -0.223903
1    a    no     0.343407    1.777855
4    a    no    -1.772139    0.482806
b
    key1  key2     data1       data2
2    b    no     0.519724    0.876595
3    b    yes   -0.185441    0.818108
```

使用迭代的方式处理数据的时候，如果分组字段是多个，可以把分组的键转换为元组：

程序清单 8-16

```
for (k1, k2), group in df.groupby(['key1', 'key2']):
    print (k1, k2)
    print (group)
```

代码执行结果是：

```
a no
        key1      key2       data1        data2
 1       a         no       0.343407     1.777855
 4       a         no      -1.772139     0.482806
a yes
        key1      key2       data1        data2
 0       a         yes     -0.728739    -0.223903
b no
        key1      key2       data1        data2
 2       b         no       0.519724     0.876595
b yes
key1   key2     data1       data2
 3     b yes  -0.185441    0.818108
```

8.3 透视表制作

Excel 中存在透视表的功能，实际上在 Pandas 中也存在透视表的功能，使用 pivot _ table()函数可实现此功能，透视表使用的前提是需要用户非常了解将要处理的数据，并且需要明确数据维度，此外还需要了解到底要解决业务中的什么问题，可以把透视表看成是一个快速且实用的数据分析工具：

程序清单 8-17

```
import numpy as np
import pandas as pd
import seaborn as sns
titanic = sns. load _ dataset( 'titanic' )
print( type( titanic) )
titanic. head( )
```

代码执行结果是：

```
<class 'pandas. core. frame. DataFrame' >

     survived   pclass   sex      age    sibsp
0    0          3        male     22. 0  1
1    1          1        female   38. 0  1
2    1          3        female   26. 0  0
3    1          1        female   5. 0   1
4    0          3        male     35. 0  0

     parch   fare      embarked   class   who
0    0       7. 2500   S          Third   man
1    0       71. 2833  C          First   woman
2    0       7. 9250   S          Third   woman
3    0       53. 1000  S          First   woman
4    0       8. 0500   S          Third   man

     adult _ male   deck   embark _ town   alive   alone
0    True           NaN    Southampton     no      False
1    False          C      Cherbourg       yes     False
2    False          NaN    Southampton     yes     True
3    False          C      Southampton     yes     False
4    True           NaN    Southampton     no      True
```

数据集中一些重要字段解释：survived（是否存活）、pclass（旅客等级）、sex（性别）、age（年龄）、sibsp（有多少兄弟姐妹同行）、parch（有多少子女同行）、ticket（票号）、cabin（所在地方）、embarked（登船城市）。

还有一种重要的探索数据的方法，即 DataFrame 数据类型中的 info( )方法，此函数可以返回当前数据集的数据条数，以及每个字段中数据是否存在缺失。

程序清单 8-18

```
titanic. info( )
```

代码执行结果是：

```
<class 'pandas.core.frame.DataFrame
RangeIndex: 891 entries, 0 to 890
Data columns (total 15 columns):
survived        891 non-null int64
pclass          891 non-null int64
sex             891 non-null object
age             714 non-null float64
sibsp           891 non-null int64
parch           891 non-null int64
fare            891 non-null float64
embarked        889 non-null object
class           891 non-null category
who             891 non-null object
adult_male      891 non-null bool
deck            203 non-null category
embark_town     889 non-null object
alive           891 non-null object
alone           891 non-null bool
dtypes: bool(2), category(2), float64(2), int64(4), object(5)
memory usage: 80.6+ KB
```

当前返回的结果显示一共有 891 个样本数据，数据集的索引是从 0 开始到 890，age 字段中只有 714 个样本有值、其余 177 个样本为缺失值，缺失值最多的字段是 deck 字段。用户在进行数据分析之前必须要明确数据质量，然后才能知道缺失值数据是否对最终结果存在影响，最终才能进行正确的数据分析。

如果想查看不同性别的乘客的生还率，可以使用 groupby() 函数：

程序清单 8-19

```
titanic.groupby('sex')[['survived']].mean()
```

代码执行结果是：

```
        survived
sex
female  0.742038
male    0.188908
```

从以上结果发现女性的存活率为 74%，如果想查看不同性别和不同船票类型下乘客的生还率，可以使用多级分组：

程序清单 8-20

```
titanic.groupby(['sex','class'])['survived'].aggregate('mean').unstack()
```

代码执行结果是：

```
Class    First     Second    Third
 sex
female  0.968085  0.921053  0.500000
 male   0.368852  0.157407  0.135447
```

这种写法还是很复杂的，此时可以使用数据透视表，能够轻松完成上述的数据分析：

程序清单 8-21

```
titanic.pivot_table('survived',index = 'sex',columns = 'class')
```

代码执行结果是：

```
Class    First     Second    Third
 sex
female  0.968085  0.921053  0.500000
 male   0.368852  0.157407  0.135447
```

通过透视表的方式可以指定哪个字段作为行索引、哪个字段作为列索引，透视表函数会自动生成分组之后聚合的数据，可以轻松地对多个维度的数据做数据分析。从上述的结果可以看出，女性的生存率是最高的，并且座位等级越高生存率也会越高。

8.4 本章小结

本章介绍了数据集分组的基本概念及简单的聚合统计函数的使用，还介绍了透视表的基本使用。在大数据分析项目中，数据分析并不能独立存在，一般需要和可视化方法一起使用，下一章将讨论数据可视化。

8.5 练习

1）构建一个数据集，根据 k2 进行分组，之后统计每个小组内的样本数目：

```
   k1  k2     d1          d2
0  a   o1   1.018047    0.338525
1  b   o2   0.157693   -1.056489
2  c   o1   0.097036   -1.372537
3  d   o2  -0.723118    1.139504
4  a   o1   0.485703    0.964570
5  b   o2   0.024246    1.528142
```

2）基于上述的分组结果，查询每个小组内最大值、最小值、平均值。

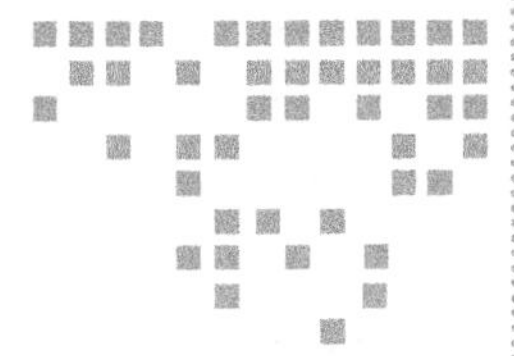

第9章 Chapter 9

使用matplotlib完成数据可视化

本章学习目标

- 了解 matplotlib 对象结构
- 掌握 matplotlib 提供常见图形的绘制

matplotlib 是一个 Python 的 2D 绘图库，是由 John Hunter 等人开发、用以绘制二维图形的 Python。它利用了 Python 下的数值计算模块 Numeric 与 NumPy，克隆了许多 MATLAB 中的函数，以帮助用户轻松地获得高质量的二维图形。matplotlib 可以绘制多种形式的图形，包括普通的线图、直方图、饼图、散点图以及误差线图等；可以比较方便地定制图形的各种属性，比如图线的类型、颜色、粗细、字体的大小等；能够很好地支持一部分 TeX 排版命令，可以比较美观地显示图形中的数学公式。matplotlib 掌握起来也很容易，由于其使用的大部分函数都与 MATLAB 中对应的函数同名，且各种参数的含义和使用方法也一致，这就使得熟悉 MATLAB 的用户使用起来感到得心应手。对那些不熟悉 MATLAB 的用户而言，这些函数的意义往往也是一目了然的，因此只需要花很少的时间就可以掌握它的使用。

9.1 matplotlib 的安装

安装 matplotlib 很多种方法，区别在于读者使用的操作系统，具体如下：

Windows 系统安装 matplotlib，在 Windows 环境之下进入 cmd 窗口，执行以下命令：

程序清单 9-1

```
pip install matplotlib
```

Linux 系统安装 matploblib，可以直接使用 Linux 包管理器来安装，实现代码如下：

程序清单 9-2

```
Debian-Ubuntu:sudo apt-get install python-matplotlib
Fedora-Redhat:sudo yum install python-matplotlib
```

Mac OSX 系统安装 matplotlib，可以使用 pip 命令来安装：

程序清单 9-3

```
sudo python -pip install matplotlib
```

读者也可以直接安装 Anaconda 等软件的发行版本，它提供一个管理版本和 Python 环境的工具 Conda，使用 Conda 安装 matplotlib 或者其他模块只需要在命令行终端输入：

程序清单 9-4

```
conda install matplotlib
```

命令执行结束后，可以使用 python -m pip list 命令来查看是否成功安装了 matplotlib 模块：

程序清单 9-5

```
python-m pip list | grep matplotlib
```

9.2 matplotlib 的快速使用

matplotlib 提供了一个快速绘制图形的 pyplot 模块，如果读者在 Notebook 中使用 pyplot 绘制并将图形嵌入在文档中，则需要先执行如下的命令：

程序清单 9-6

```
%matplotlib inline
```

如果读者接触过 MATLAB，则应非常熟悉 pyplot，pyplot 的使用方法和 MATLAB 操作十分类似。除了 pyplot 这个模块之外，matplotlib 还提供了 pylab 模块，两者之间具有如下明显的区别：pyplot 模块是 matplotlib 内部模块，它提供了一套和 MATLAB 类似的绘图 API，众多绘图对象所构成的复杂结构隐藏在这套 API 内部；而 pylab 模块中包括许多 NumPy 和 pyplot 模块中常用的函数，方便读者快速进行计算和绘图，十分适合在 IPython 交互式环境中使用。此外，二者导入方式不同，pylab 导入方式为如下代码所示：

程序清单 9-7

```
from pylab import *
```

而 pyplot 导入方法如下：

程序清单 9-8

```
import matplotlib.pyplot as plt
```

读者可选择一种方式进行导入，本书采用 pyplot 模块进行图形的绘制，后续章节也使用此模块作为数据可视化工具。下面编写一个简单的正弦曲线，使用 pyplot 模块只需要几行代码就可以绘制完成，如下代码：

程序清单　9-9

```
%matplotlib inline
import matplotlib.pyplot as plt
import numpy as np
X = np.linspace(0,2 * np.pi,100)
Y = np.sin(X)
plt.plot(X,Y)
plt.savefig(fname = "pic.png",figsize = [10,10])
plt.show()
```

所绘制的正弦曲线如图 9-1 所示。

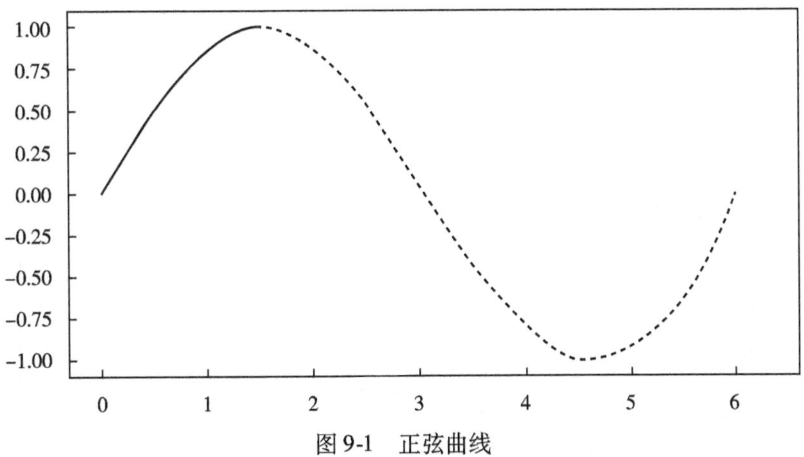

图 9-1　正弦曲线

首先，为了要能够将图像嵌入在 Notebook 中显示，则需要执行% matplotlib inline 这行命令。接下来需要导入 pyplot 模块与 NumPy 模块，并分别命名为 plt 与 np。正弦曲线是使用 pyplot 模块中定义的 plot 方法绘制的，这个方法可以根据点来绘制线条，需要传入点的坐标，这里使用 NumPy 提供的 linspace 函数与 sin 函数创建了两个分别包含 100 个元素的数组 X 与 Y，可以认为 X 是所有点的 X 坐标，Y 就是所有点的 Y 坐标，需要将这两个数据传入 plot 方法中，这样就可以通过点来绘制具体的线条。如果需要将数据图形保存，可以使用 plt 提供的 savefig 这个函数将图形保存成指定的图像文件，figsize 指定的是图像的宽和高，单位是英寸（inch，1inch =0.0254m）。最后，调用 plt.show 方法显示绘图窗口。当然，还可以在快速绘图中增加更多的元素，在一张图表上同时绘制正弦曲线以及余弦曲线，实现代码如下：

程序清单　9-10

```
%matplotlib inline
import matplotlib.pyplot as plt
import numpy as np
plt.figure(figsize = (8,6))
X = np.linspace(0,2 * np.pi,100)
Y1 = np.sin(X)
```

```
Y2 = np.cos(X)
plt.plot(X,Y1,label = '$ sin(x) $')
plt.plot(X,Y2,label = '$ cos(x) $')
plt.xlabel("X labels")
plt.ylabel("Y labels")
plt.title("plplot first example")
plt.xlim([0,2 * np.pi])
plt.ylim([-1,1])
plt.legend()
plt.show()
```

正弦曲线与余弦曲线效果如图 9-2 所示。

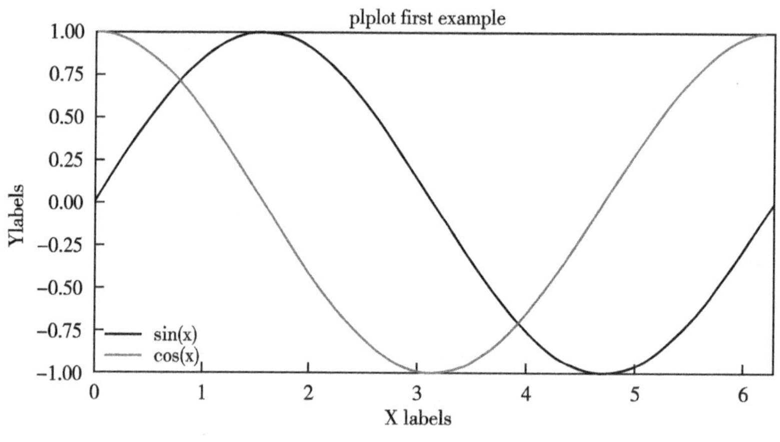

图 9-2　正弦曲线与余弦曲线

首先，引入 matplotlib 的绘图模块 pyplot 并命名为 plt，然后调用 figure( ) 函数，该方法创建了一个 Figure 对象，直到下一次调用 figure( ) 函数创建新的 Figure 对象或者其他切换 Figure 操作，对图像进行所有的操作都是在操作这个对象。也可以不显示创建 Figure 对象，直接调用 plot 函数进行绘制，这时 matplotlib 会自动创建一个 Figure 对象。figsize =（8，6）这个参数表示的是图像宽度和高度，单位是英寸（inch）。

本次绘制 plot 函数又多了一个参数 label，这里 label 表示给当前绘制的图形增加一个标签，这个标签将要在图示中显示出来，label 参数一定要和 plt 提供的 legend 函数搭配使用，只有执行 plt.legend( ) 函数，带有 label 的图示才会显示出来，label 指定的文本字符串前后有字符串 "$"，matplotlib 会使用内置的 LaTeX 引擎将其文本在图示中展现为数学公式的样式。

xlabel 方法与 ylabel 方法使用方法类似，分别指定 X 轴、Y 轴的标题内容，在函数中只需要传入字符串类型的数据即可；title 函数指定了图表的标题，也只需传入字符串类型的参数即可；xlim 函数与 ylim 函数的用法也是类似的，分别设计 X 轴、Y 轴的刻度显示范围，这里需要传入一个列表来表示范围的区间；legend 函数表示显示图示，即在图表中表示每一个线条和图形标签显示的矩形区域。

9.3　pyplot 的用法详解

9.3.1　pyplot 的快速使用

matplotlib. pyplot 模块是一个命令风格函数的集合，内部提供了大量的快捷函数，使 matplotlib 的机制更像 MATLAB。每个绘图函数对图形进行一些更改，如创建图形、在图形中创建绘图区域、在绘图区域绘制一些线条、使用标签装饰绘图等。下面使用 plot 来快速绘制一个折线图，代码如下：

程序清单　9-11

```
import matplotlib. pyplot as plt
plt. plot([1,2,3,4])
plt. titlelabel('plot example')
plt. show()
```

折线图效果如图 9-3 所示。

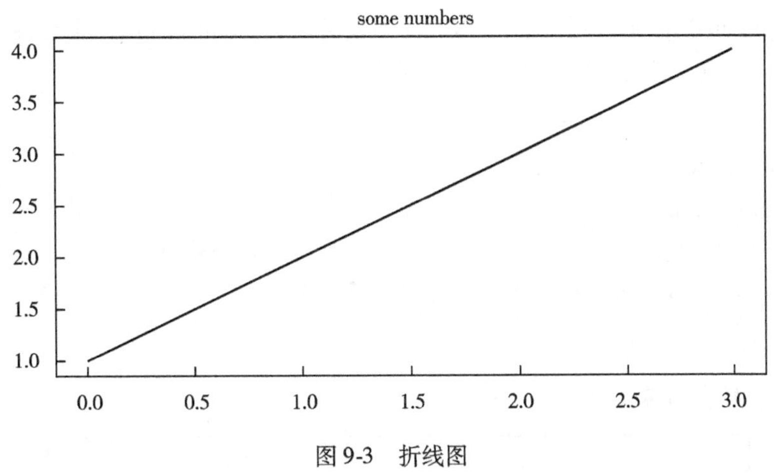

图 9-3　折线图

这个图形的绘制过程并不复杂，plot 函数只传递了一个 Python 列表，产生的图形的 X 轴的范围是 0 ~ 3，Y 轴的范围是 1 ~ 4，读者向 plot 函数提供单个列表或数组，则 matplotlib 假定它是一个 Y 值数组，并自动生成 X 轴上的值。但是由于 Python 数组的起始值是 0，默认 X 轴的数据具有与 Y 轴相同的长度，所以从 0 开始，因此 X 轴的数据是 [0, 1, 2, 3]。plot 函数可以接受任意数量的参数，例如，要绘制 X 轴和 Y 轴，可以编写函数 plt. plot ([1, 2, 3, 4], [1, 4, 9, 16])。

对于每个 X 和 Y 参数组，有一个可选的第三个参数，它是指示图形颜色和线条类型的格式字符串。默认格式字符串为"r--"，它是一条红色的虚线，实现代码如下：

程序清单　9-12

```
import matplotlib.pyplot as plt
plt.plot([1,2,3,4], [1,4,9,16], 'r--')
plt.show()
```

红色虚线效果如图 9-4 所示。

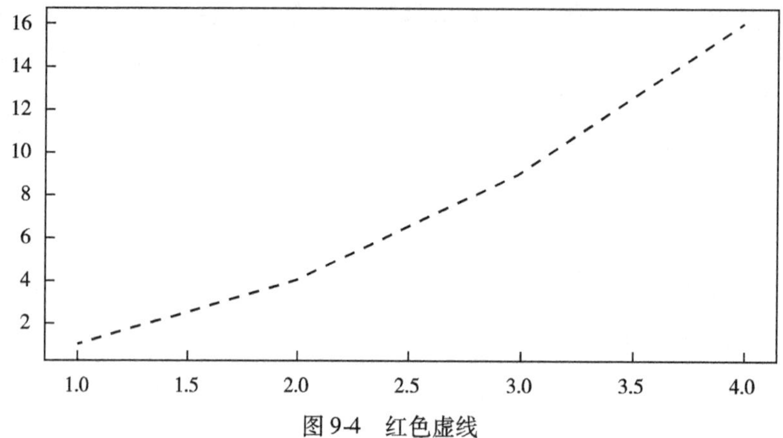

图 9-4　红色虚线

读者也可以自行在 Notebook 中输入? plt.plot 查看函数参数的详细说明，上述案例中使用的是 Python 列表，在数据分析中更多情况下提供的是 NumPy 数组，虽然这里使用 Python 列表，但 matplotlib 在使用过程中会把 Python 列表转换为 NumPy 数组。下面展示基于数组可视化在一张图中显示不同样式的折线图。代码如下：

程序清单　9-13

```
import numpy as np
import matplotlib.pyplot as plt
x = np.arange(0., 5., 0.2)
plt.plot(x, x, 'r--', x, x ** 2, 'y-', x, x ** 3, 'b^')
plt.show()
```

多样式的折线图效果如图 9-5 所示。

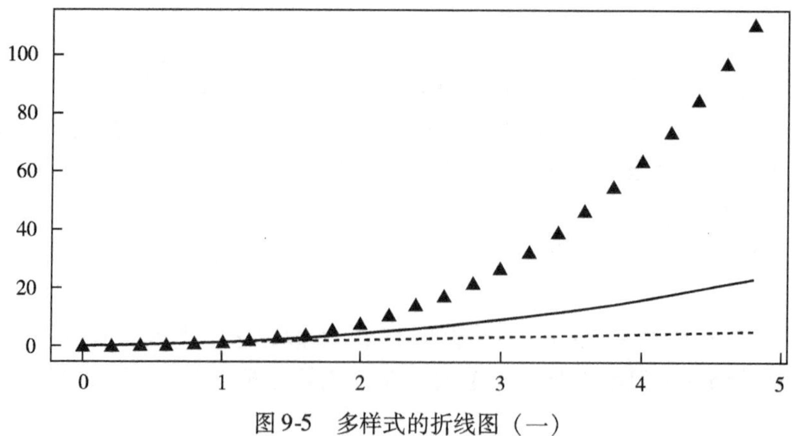

图 9-5　多样式的折线图（一）

在调用 plot 函数传入多组数据时，只调用了以此 plot 函数绘制多个线条，也可以将数据分开传递，多次调用 plot 函数进行绘制，其效果是一样的，代码如下：

程序清单 9-14

```
import numpy as np
import matplotlib. pyplot as plt
x = np. arange(0. , 5. , 0. 2)
plt. plot(x, x, 'r--')
plt. plot(x, x ** 2, 'y-')
plt. plot(x, x ** 3, 'b^')
plt. show()
```

代码实现效果如图 9-6 所示。

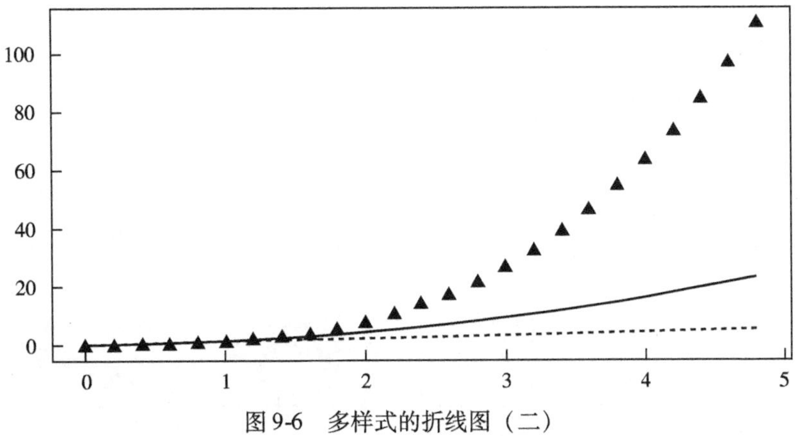

图 9-6 多样式的折线图（二）

除了组合的参数，还可以指定其他形式的参数，现在使用线条进行举例展示，可以使用关键字参数设计：

程序清单 9-15

```
plt. plot(x, y, linewidth = 2. 0)
```

在本小节中，读者已经学习如何使用 matplotlib 中的 pyplot 模块快速绘制简单的折线图，接下来继续深入学习 plot 模块其他的用法。

9. 3. 2 绘制多个子图

在 matplotlib 设计中，所谓一个 Figure 对象上可以编辑多个子图，并不是指在一张图上绘制多个图形，而是在一个 Figure 对象上同时绘制多个图，可以使用模块提供的 subplot 实现，具体代码如下：

程序清单 9-16

```
subplot(numRows, numCols, plotNum)
```

subplot 函数将整个绘图区域等分为 numRows 行与 numCols 列，绘图是按照从左到右、从上到下的顺序为每一个子图进行编号，第三个参数 plotNum 表示子图具体的编号。如果

numRows =3，numCols =3，那么整个绘图区域就会被分为 3 行 3 列，坐标表示如下：

(1,1)，(1,2)，(1,3)

(2,1)，(2,2)，(2,3)

(3,1)，(3,2)，(3,3)

当 plotNum =3 时，如果坐标为（1,3），就是指第 1 行、第 3 列的子图。subplot 函数在传递参数时还有一个简写的形式，如果 numRows、numCols 和 plotNum 这三个数都小于 10，可以把它们缩写为一个整数，如 subplot（323）和 subplot（3,2,3）是相同的。下面使用代码来演示这个函数的用法：

程序清单 9-17

```
import matplotlib. pyplot as plt
for i,color in enumerate("rgby"):
    plt. subplot(221 + i,facecolor = color)
plt. show()
```

多子图绘制效果如图 9-7 所示。

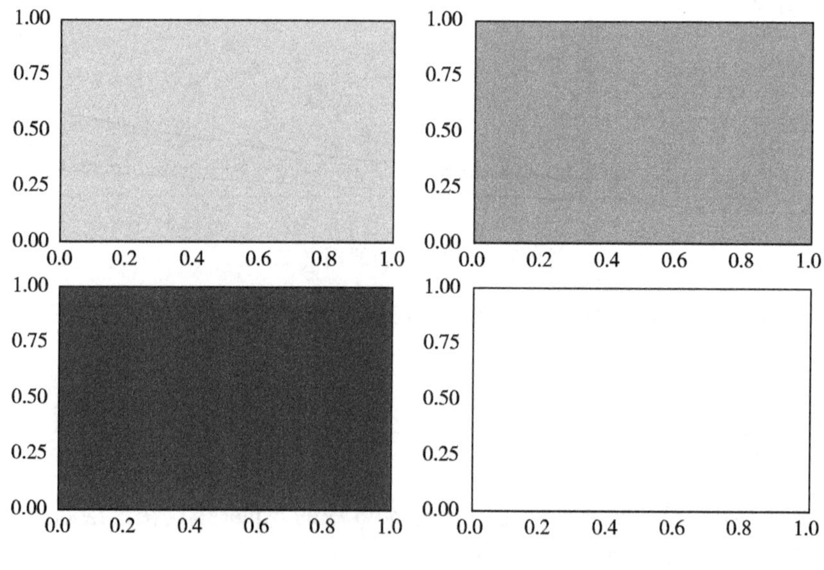

图 9-7　多子图绘制

在使用这个函数过程中，还会面临一些稍微复杂的使用场景，如要绘制不规则子图的情况，具体展示效果如下坐标：

(1,1)，(1,2)

(2,1)

这种情况应该怎么划分呢？如果将整个表按照 2 ×2 划分，前两个子图位置比较简单，分别是(2,2,1)和(2,2,2)，但是第三个图占用了(2,2,3)和(2,2,4)，显示需要对其重新划分。按照 2 ×1 划分，前两个图占用了(2,1,1)的位置，因此第三个图占用了(2,1,2)的位置，实现代码如下：

程序清单　9-18

```
import matplotlib. pyplot as plt
import numpy as np
def f(t):
    return np. exp(-t) * np. cos(2 * np. pi * t)
t1 = np. arange(0, 5, 0. 1)
t2 = np. arange(0, 5, 0. 02)

plt. figure(12)
plt. subplot(221)
plt. plot(t1, f(t1), t2, f(t2), 'r--')

plt. subplot(222)
plt. plot(t2, np. cos(2 * np. pi * t2), r--')

plt. subplot(212)
plt. plot(t2,np. sin(2 * np. pi * t2))
plt. show()
```

不规则子图实现效果如图 9-8 所示。

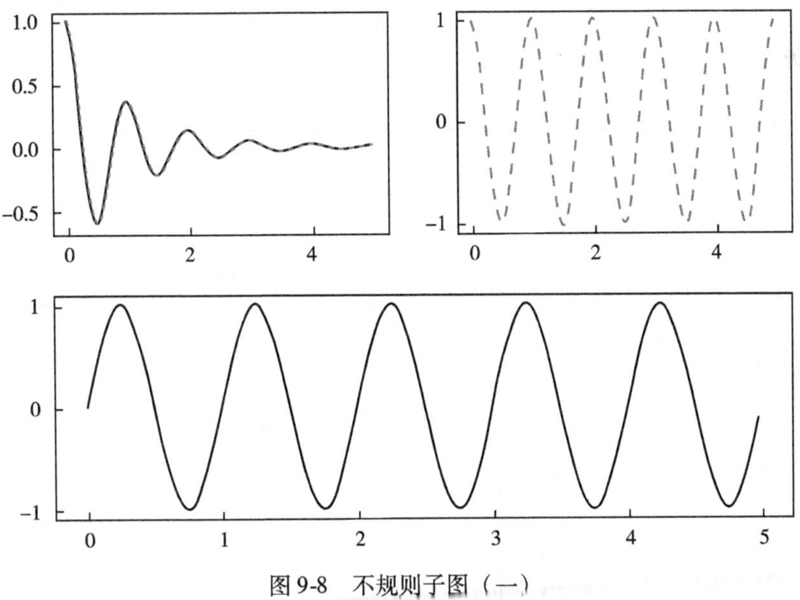

图 9-8　不规则子图（一）

如果是对更为复杂的布局方式进行绘制，matplotlib 则提供了 subplot2grid( ) 函数，该函数能够进行更为复杂的表格布局，这种布局方式与使用 Excel 或者 Word 制作表格的方法特别类似，函数使用方法具体如下：

程序清单 9-19

```
subplot2grid(shape,loc,rowspan=1,colspan=1, ** kwargs)
```

其中 shape 是元组的类型，表示表格的形状（行数和列数）；loc 也是元组的类型，表示子图左上角所在的坐标（行和列）；rowspan 和 colspan 表示子图所占据的行数和列数，默认值是 1。其使用方法如下：

程序清单 9-20

```
plt.subplot2grid((2,2),(0, 0))
```

它的效果等价于调用如下代码：

程序清单 9-21

```
plt.subplot(2,2,1)
```

与 subplot 不同的是，subplot2grid 的下标是从 0 开始计算的，接下来使用 subplot2grid 完成一个不规则子图的图形绘制，代码如下：

程序清单 9-22

```
plt.subplot2grid((3,3), (0,0), colspan=3)
plt.subplot2grid((3,3), (1,0), colspan=2)
plt.subplot2grid((3,3), (1, 2), rowspan=2)
plt.subplot2grid((3,3), (2, 0))
plt.subplot2grid((3,3), (2, 1))
plt.show()
```

代码实现效果如图 9-9 所示。

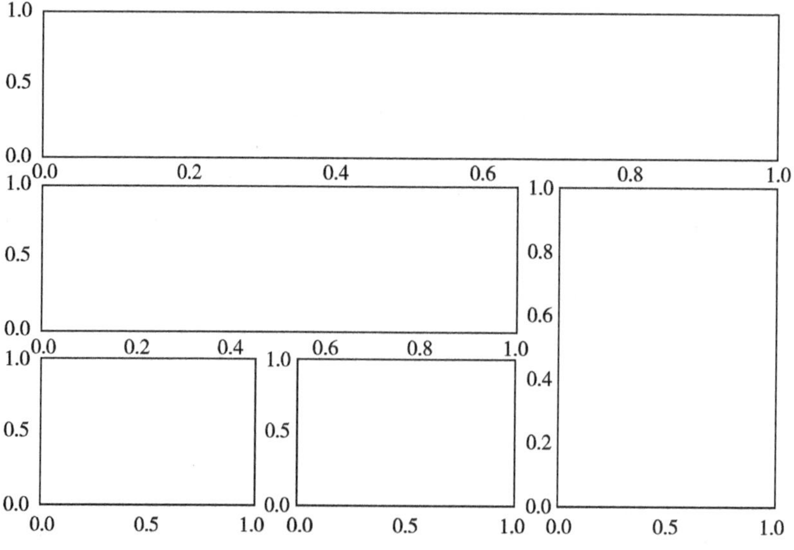

图 9-9 不规则子图（二）

整体布局是 3 行 3 列：plt. subplot2grid（（3,3），(0,0)，colspan =3）表示绘制第一个子图，位置是（0，0)，但它跨三列并独占一行；plt. subplot2grid（（3,3），(1,0)，colspan = 2）表示绘制第二个子图，colspan =2 表示占 2 列；plt. subplot2grid（（3,3），(1,2)，rowspan =2）表示绘制第三个子图，rowspan = 2 表示占两行，所以第二行只有 2 个子图；plt. subplot2grid（（3,3），(2,0)）与 plt. subplot2grid（（3,3），(2,1)）表示的子图都是占一行一列，所以在第三行并列显示。

9.3.3　为图表添加文本

matplotlib 提供了优秀的文本支持与数学表达式，可以完全控制每个文本属性（字体、字号、文本位置和颜色等)。由于 matplotlib 含有大量的 TeX 数学符号和命令，那些对数学或科学图像感兴趣的人可以利用它来实现在图中任何位置放置数学表达式。上节已经介绍了添加标题的方法，即使用 title( ) 函数，也可以通过 xlabel( ) 和 ylabel( ) 函数添加 *X* 轴与 *Y* 轴信息，在调用函数时传入文本参数，还可以使用更多的参数来设置字体的其他属性。绘制带有文本的折线图的代码如下：

程序清单　9-23

```
import numpy as np
import matplotlib. pyplot as plt
x = np. arange(0. , 5. , 0. 2)
plt. plot(x, x, 'r--')
plt. title("text example",fontdict = {"fontsize":"large","fontweight":'normal'})
plt. xlabel("x label",fontdict = {"color":'red'})
plt. ylabel("y label",fontdict = {"color":'gray'})
plt. savefig(fname = "pic12. png",figsize = [10,10])
plt. show()
```

代码实现效果如图 9-10 所示。

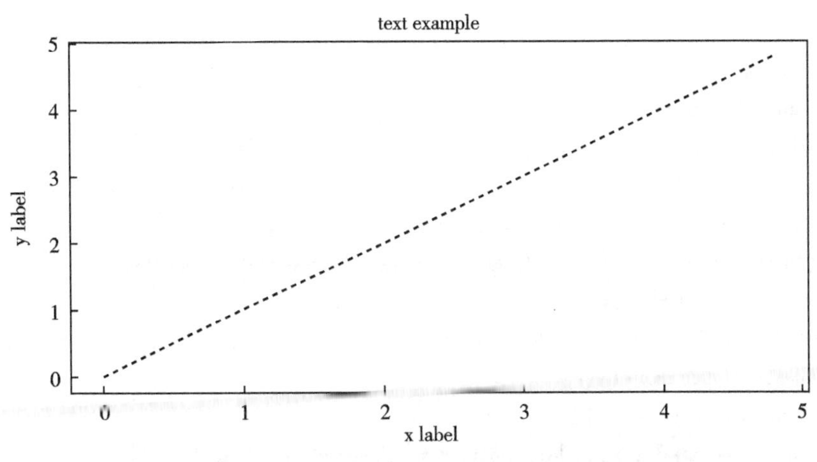

图 9-10　带有文本的折线图

关于字体还可以设置一些其他属性，如下所示：

1）fontsize：设置字体大小，默认 12，可选参数有 xx-small、x-small、small、medium、large、x-large、xx-large。

2）fontweight：设置字体粗细，可选参数有 light、normal、medium、semibold、bold、heavy、black。

3）fontstyle：设置字体类型，可选参数有 normal、italic、oblique，italic 为斜体，oblique 为倾斜。

4）verticalalignment：设置水平对齐方式 ，可选参数有 center、top、bottom、baseline。

5）horizontalalignment：设置垂直对齐方式，可选参数有 left、right、center。

6）rotation：旋转角度，可选参数为 vertical 和 horizontal，也可以为数字。

7）alpha：透明度，参数值在 0 ~ 1 之间。

8）backgroundcolor：标题背景颜色。

9）bbox：给标题增加外框。

10）boxstyle：方框外形。

11）facecolor（简写为 fc）：背景颜色。

12）edgecolor（简写为 ec）：边框线条颜色。

13）edgewidth：边框线条宽度。

除了标题和轴标签文本之外，还可以在图像上添加文本标注，使用函数 text 来实现，代码示例如下：

程序清单　9-24

```
plt.text(x, y, s, fontdict = None, withdash = False, ** kwargs)
```

其中，第一个参数 x 和第二个参数 y 表示文本添加的位置，s 表示要添加的文本字符串，fontdict 表示为文本设置属性的字典，编辑字体的时候可以通过这个参数传入一个字典，也可以传入关键字参数完成，使用方法具体如下列代码所示：

程序清单　9-25

```
import numpy as np
import matplotlib.pyplot as plt
x = np.arange(0, 5)
y = x ** 2
plt.plot(x, y,marker = 'o',markersize = '10')
plt.title("text example",fontdict = {"fontsize":"large","fontweight":'normal'})
plt.xlabel("x label",fontdict = {"color":'red'})
plt.ylabel("y label",fontdict = {"color":'gray'})
for x_index,y_index in zip(x,y):
    s = "Num:" + str(y_index)
    plt.text(x_index +0.2,y_index,s,fontdict = {"fontsize":12,"color":"r"})
plt.show()
```

带有文本标注的图形如图 9-11 所示。

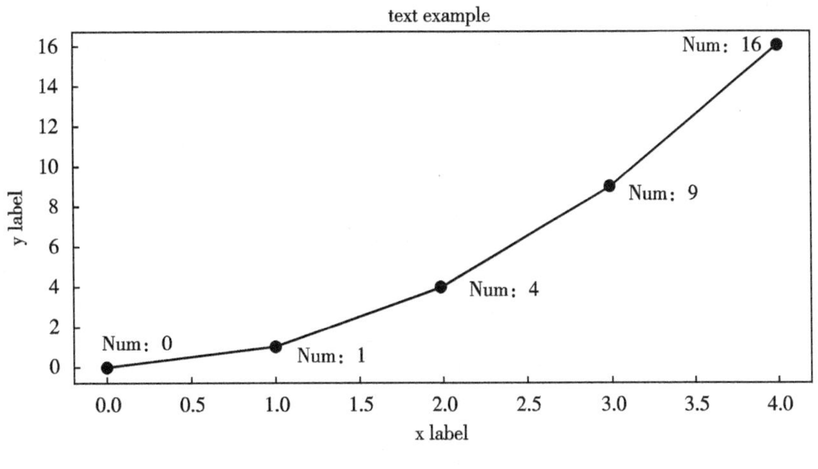

图 9-11　文本标注

在很多可视化场景下需要在图形上标示出数学表达式，matplotlib 整合了 LaTeX 表达式，可以支持在图表中插入数学公式。在编写字符串的时候，将表达式内容置于两个“ $ ”符号间，可以在文本中添加 LaTeX 表达式，matplotlib 会把其中的文本识别为数学公式并最终在图像中显示出来。一般情况下，需要在 LaTeX 表达式字符串前添加 r 字符串，使用方法如下列代码所示：

程序清单　9-26

```
import numpy as np
import matplotlib.pyplot as plt
x = np.arange(0, 5)
y = x ** 2
plt.plot(x, y,marker = 'o',markersize = '10')
plt.title("text example",fontdict = {"fontsize":"large","fontweight":'normal'})
plt.xlabel("x label",fontdict = {"color":'red'})
plt.ylabel("y label",fontdict = {"color":'gray'})
plt.text(1,12," $ y = x^2 $ ",fontsize = 12)
for x_index,y_index in zip(x,y):
    s = "Num:" + str(y_index)
    plt.text(x_index + 0.2,y_index,s,fontdict = {"fontsize":12,"color":"r"})
plt.show()
```

LaTeX 表达式效果如图 9-12 所示。

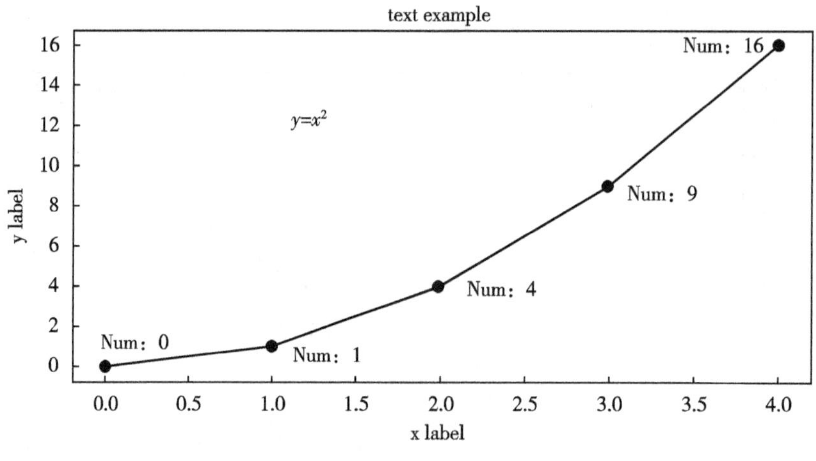

图 9-12　LaTeX 表达式

9.3.4　为图表添加图例

在绘制多图形图表时需要使用图例标识图形，matplotlib 专门提供了 legend( ) 函数，此函数专门用来显示图例。在使用 legend 时，绘制图像需要使用一个参数——label 参数，实现代码如下：

程序清单　9-27

```
import numpy as np
import matplotlib.pyplot as plt
x = np.arange(0, 5)
y = x ** 2
plt.plot(x, y,marker = 'o',markersize = '10',label = '$y=x^2$',linewidth =0)
plt.title("text example",fontdict = {"fontsize":"large","fontweight":'normal'})
plt.xlabel("x label",fontdict = {"color":'red'})
plt.ylabel("y label",fontdict = {"color":'gray'})
plt.text(1,12,"$y=x^2$",fontsize = 12)
for x_index,y_index in zip(x,y):
    s = "Num:" + str(y_index)
    plt.text(x_index +0.2,y_index,s,fontdict = {"fontsize":12,"color":"r"})
plt.legend()
plt.show()
```

图例显示效果如图 9-13 所示。

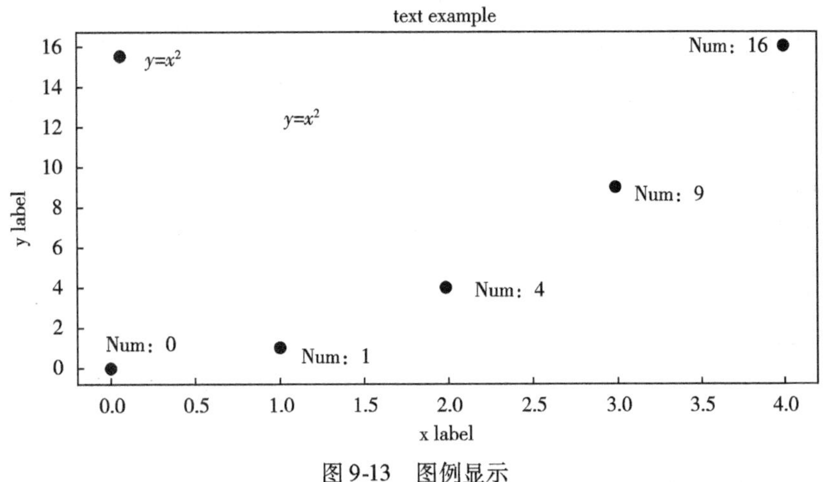

图 9-13　图例显示

函数的定义为 plt. legend（ * args， ** kwargs），函数是不定长参数列表，常用的 legend 参数见表 9-1。

表 9-1　常用的 legend 参数

参　数	说　明
loc	图例所有 figure 位置
prop	字体参数
fontsize	字体大小
markerscale	图例标记与原始标记的相对大小
markerfirst	如果为 True，则图例标记位于图例标签的左侧
numpoints	为线条图图例条目创建的标记点数
scatterpoints	为散点图图例条目创建的标记点数
scatteryoffsets	为散点图图例条目创建的标记的垂直偏移量
frameon	控制是否应在图例周围绘制框架
fancybox	控制是否应在构成图例背景的 FancyBboxPatch 周围启用圆边
shadow	控制是否在图例后面画一个阴影
framealpha	控制图例框架的 Alpha 透明度
facecolor	显示颜色
ncol	设置图例分为 n 列展示
borderpad	图例边框的内边距
labelspacing	图例条目之间的垂直间距
handlelength	图例句柄的长度
handletextpad	图例句柄和文本之间的间距
borderaxespad	轴与图例边框之间的距离
columnspacing	列间距
bbox _ to _ anchor	指定图例在轴的位置

图示位置是可以指定的，需要在调用 legend 函数时传入指定的位置，loc 表示图示的位置，可以使用数字 0～10 表示不同的位置，也可以使用后面的字符串表示具体的位置：

0：'best'；

1：'upper right'；

2：'upper left'；

3：'lower left'；

4：'lower right'；

5：'right'；

6：'center left'；

7：'center right'；

8：'lower center'；

9：'upper center'；

10：'center'。

legend 函数具体使用方法如下代码：

程序清单 9-28

```
import numpy as np
import matplotlib.pyplot as plt
x = np.linspace(0, 1)
plt.plot(x, np.sin(x), label = "sin(x)")
half_pi = np.linspace(0, np.pi / 2)
plt.plot(np.sin(half_pi), np.cos(half_pi), label = r"$\frac{1}{2}\pi$")
plt.plot(x, 2 ** (x ** 2), label = "$2^{x^2}$")
plt.legend(shadow = True, fancybox = True, loc = "best")
plt.show()
```

图示的展示效果如图 9-14 所示。

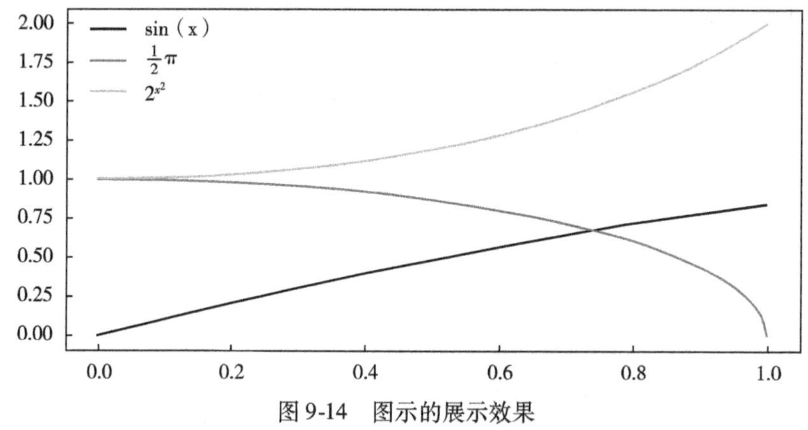

图 9-14　图示的展示效果

9.3.5　日期类型的数据

数据分析过程中最常见的一个步骤就是日期类型数据的处理，将处理的时间类型进行可视化展示也是常见的操作，现从 2020 年 2 月 23 日到 2020 年 5 月 5 日中抽取 8 天作为 X 轴数据进行可视化，具体代码如下所示：

程序清单　9-29

```
import datetime
times = [ datetime. date(2020,2,23), datetime. date(2020,2,28),
datetime. date(2020,3,5),
datetime. date(2020,3,25),datetime. date(2020,4,4),datetime. date(2020,4,24),
datetime. date(2020,4,28),datetime. date(2020,5,5)]
values = [11, 22, 30, 20, 22, 15, 16, 15]
plt. plot(times, values)
plt. title("times show", fontsize = 20, fontname = "Times New Roman")
plt. show()
```

代码实现效果如图 9-15 所示。

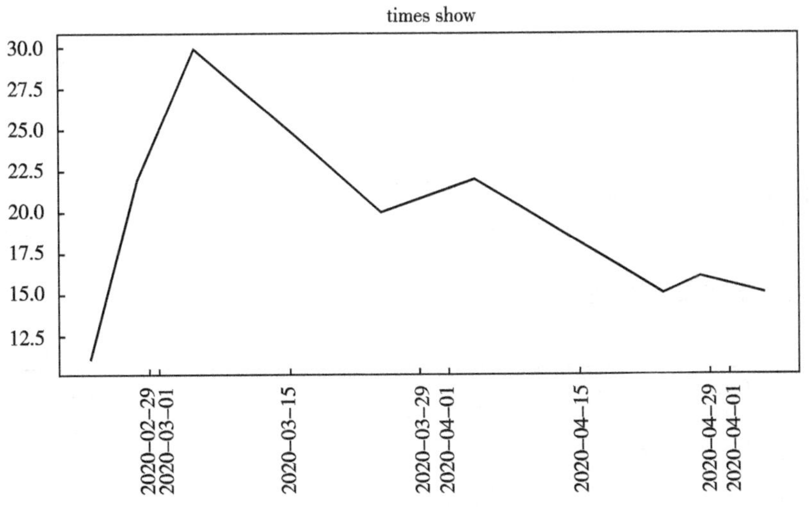

图 9-15　时间数据可视化展示效果（一）

这种可视化存在很多问题，以 matplotlib 自身管理刻度特别是刻度的标签这种方式显示日期时，可读性非常差，两个刻度之间的间隔也显示得不清楚，存在重影的情况。为了解决这个问题，需要使用合适的对象定义时间尺度来管理日期，matplotlib 提供了 matplotlib. dates 模块，该模块专门用于管理日期类型的数据。使用 MonthLocator( ) 和 DayLocator( ) 两个函数分别表示月份和日期。

日期格式也很重要，为了避免出现重影问题或显示无效的日期数据，此次只显示必要的刻度标签。这里只显示年月，把这种格式作为参数传给 DateFormatter( ) 函数。定义好两个时间尺度，一个用于日期、一个用于月份，可以在 xaxis（X 轴）对象上调用 set _ major _ locator( ) 函数和 set _ minor _ locator( ) 函数，为 X 轴设置两种不同的标签。此外，月份刻度标签的设置需要用到 set _ major _ formatter( ) 函数。其具体代码如下：

程序清单 9-30

```
import matplotlib. pyplot as plt
import datetime
import matplotlib. dates as mdates

#获取每月数据
months = mdates. MonthLocator( )
#获取每日数据
days = mdates. DayLocator( )
times = [ datetime. date(2020,2,23), datetime. date(2020,2,28),
datetime. date(2020,3,5),
datetime. date(2020,3,25),datetime. date(2020,4,4),datetime. date(2020,4,24),
datetime. date(2020,4,28),datetime. date(2020,5,5)]
values = [11, 22, 30, 20, 22, 15, 16, 15]
fig, ax = plt. subplots( )
plt. plot(times, values)
ax. xaxis. set_major_locator(months) #设置主刻度
ax. xaxis. set_minor_locator(days)
timeFmt = mdates. DateFormatter('%Y-%m') #定义显示格式
ax. xaxis. set_major_formatter(timeFmt)
plt. title("times show", fontsize = 20)
plt. show( )
```

代码实现效果如图 9-16 所示。

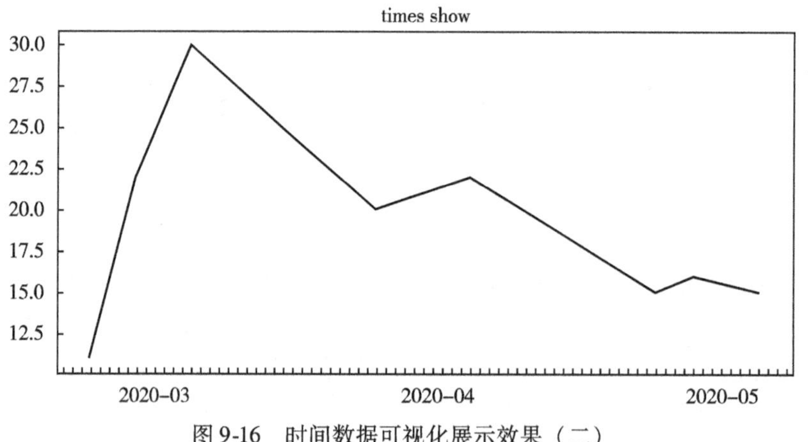

图 9-16　时间数据可视化展示效果（二）

9.3.6　注解的使用

在使用 pyplot 画图的时候，有时会需要在图上标注一些文字，如果曲线靠得比较近，最好还能用箭头指出标注文字和曲线的对应关系。本书已经介绍了如何绘制文本，本节主要讲解如何绘制箭头，首先查看下列代码，下列代码能够绘制一个指标坐标系的图形：

程序清单　9-31

```
import matplotlib. pyplot as plt
import numpy as np
import matplotlib as mpl
myfont = mpl. font _ manager. FontProperties( fname = '/Library/Fonts/Songti. ttc ')
x = np. arange( -2 * np. pi, 2 * np. pi, 0. 01)
y = np. sin( x * 3)/x
plt. title( "曲线", fontsize =20, fontproperties = myfont)
plt. plot( x, y, color = 'b')
plt. xticks( [ -2 * np. pi, -np. pi, 0, np. pi, 2 * np. pi],
[ r'$-2\pi $', r'$-\pi $', r'$0 $', r'$ + \pi $', r'$ +2\pi $'])
plt. yticks( [ -1,0, +1, +2, +3],
[ r'$-1 $', r'$0 $', r'$ +1 $', r'$ +2 $', r'$ +3 $'])
ax = plt. gca( )
ax. spines[ 'right']. set _ color( 'None')
ax. spines[ 'top']. set _ color( 'None')
ax. xaxis. set _ ticks _ position( 'bottom')
ax. spines[ 'bottom']. set _ position( ( 'data', 0))
ax. yaxis. set _ ticks _ position( 'left')
ax. spines[ 'left']. set _ position( ( 'data', 0))
plt. show( )
```

上述代码移动了坐标轴，代码实现效果如图 9-17 所示。

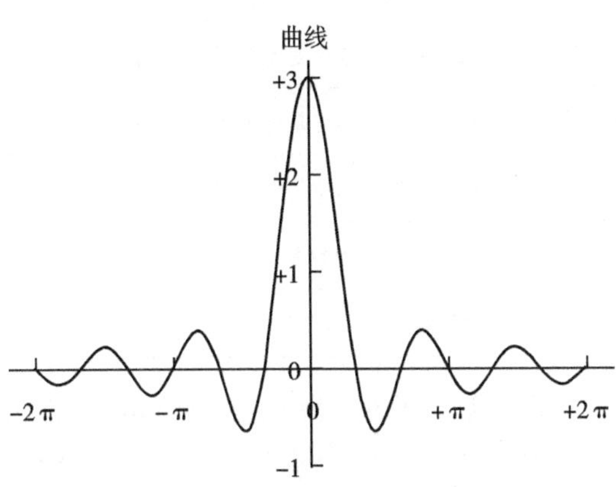

图 9-17　移动坐标轴的图形

图 9-17 中替换了 X 轴的刻度显示，使用 xticks 方法将 X 轴原本的数字刻度替换为 $-2\pi \sim 2\pi$，刻度含义没有发生改变，只是刻度显示发生了变化，同理，yticks 也替换了 Y 轴的数据。在本例中，要正确显示符号 π，需要使用含有 LaTeX 表达式的字符串，将其置于两个“$”符号中，并在前面添加前缀 r。在之前章节绘制的图形中，X 轴和 Y 轴总是在图形的边缘位置，和图像的边框重合，本例变换了轴的位置，让两个轴都同构（0，0）点，也就是绘制笛卡尔坐标，具体做法是使用 gca( ) 函数获取当前 Axes 对象，通过这个对象指定

每条边的位置：上、下、左、右都使用 set _ color( ) 函数，把颜色设置为 none，即不显示与坐标轴不符合的边（右和上），最后用 set _ position( ) 函数移动与 X 轴和 Y 轴相符的边框，使其穿过原点（0，0）。

在绘制图形时，还经常使用注解工具来标记数据，matplotlib 提供了 annotate 函数用于在图形上给数据添加文本注解，而且支持带箭头的划线工具，方便在合适的位置添加描述信息。此函数的用法如下：

程序清单 9-32

```
axes.annotate(s, xy, *args, **kwargs)
```

注意，此函数是 Axes 对象提供的函数。

以下表示参数的含义：

1）s：注释文本的内容。

2）xy：被注释的坐标点，二维元组形如（x，y）。

3）xytext：注释文本的坐标点，也是二维元组，默认与 xy 相同。

4）xycoords：被注释点的坐标系属性，xycoords 参数允许输入的值见表 9-2。

表 9-2　xycoords 参数

参　　数	说　　明
figure points	以绘图区左下角为参考，单位是点数
figure pixels	以绘图区左下角为参考，单位是像素数
figure fraction	以绘图区左下角为参考，单位是百分比
axes points	以子绘图区左下角为参考，单位是点数（一个 figure 可以有多个 axes，默认为一个）
axes pixels	以子绘图区左下角为参考，单位是像素数
axes fraction	以子绘图区左下角为参考，单位是百分比
data	以被注释的坐标点（x，y）为参考（默认值）
polar	不使用本地数据坐标系，使用极坐标系

5）textcoords：注释文本的坐标系属性，默认与 xycoords 属性值相同，也可设为不同的值。除了允许输入 xycoords 的属性值，还允许输入以下两种，textcoords 参数见表 9-3。

表 9-3　textcoords 参数

参　　数	说　　明
offset points	相对于被注释点（x，y）的偏移量（单位是点）
offset pixels	相对于被注释点（x，y）的偏移量（单位是像素）

6）arrowprops：箭头的样式，dict（字典）型数据，如果该属性非空，则会在注释文本和被注释点之间画一个箭头，arrowprops 参数见表 9-4。

表 9-4　arrowprops 参数

参　　数	说　　明
width	箭头的宽度（单位是点）
headwidth	箭头头部的宽度（点）
headlength	箭头头部的长度（点）
shrink	箭头两端收缩的百分比（占总长）
?	任何 matplotlib. patches. FancyArrowPatch 中的关键字

如果设置了 arrowstyle 关键字，以上关键字就不能使用。arrowstyle 允许的参数见表 9-5。

表 9-5　arrowstyle 参数

<table>
<tr><th>参　　数</th><th>说　　明</th></tr>
<tr><td>-'</td><td>None</td></tr>
<tr><td>->'</td><td>head _ length = 0. 4， head _ width = 0. 2</td></tr>
<tr><td>-['</td><td>widthB = 1. 0， lengthB = 0. 2， angleB = None</td></tr>
<tr><td>|-| '</td><td>widthA = 1. 0， widthB = 1. 0</td></tr>
<tr><td>-|> '</td><td>head _ length = 0. 4， head _ width = 0. 2</td></tr>
<tr><td><-'</td><td>head _ length = 0. 4， head _ width = 0. 2</td></tr>
<tr><td><-> '</td><td>head _ length = 0. 4， head _ width = 0. 2</td></tr>
<tr><td><| -'</td><td>head _ length = 0. 4， head _ width = 0. 2</td></tr>
<tr><td><| -|> '</td><td>head _ length = 0. 4， head _ width = 0. 2</td></tr>
<tr><td>fancy'</td><td>head _ length = 0. 4， head _ width = 0. 4， tail _ width = 0. 4</td></tr>
<tr><td>simple'</td><td>head _ length = 0. 5， head _ width = 0. 5， tail _ width = 0. 2</td></tr>
<tr><td>wedge'</td><td>tail _ width = 0. 3， shrink _ factor = 0. 5</td></tr>
</table>

7）annotation _ clip：布尔值，可选参数，默认为空。设为 True 时，只有被注释点在子图区内时才绘制注释；设为 False 时，无论被注释点在哪里都绘制注释。仅当 xycoords 为“data”时，默认值空相当于 True。

下面是使用 annotate 函数的综合示例：

程序清单　9-33

```
import numpy as np
import matplotlib. pyplot as plt
fig, ax = plt. subplots( )
#绘制一个余弦曲线
t = np. arange(0. 0, 5. 0, 0. 01)
```

```
s = np.cos(2 * np.pi * t)
line, = ax.plot(t, s, lw=2)
#绘制一个黑色,两端缩进的箭头
ax.annotate('max', xy=(1, 1), xytext=(2, 1.5),
xycoords='data',
arrowprops=dict(facecolor='black', shrink=0.05)
)
ax.set_ylim(-2, 2)
plt.show()
```

常有标注注解的图形实现效果如图 9-18 所示。

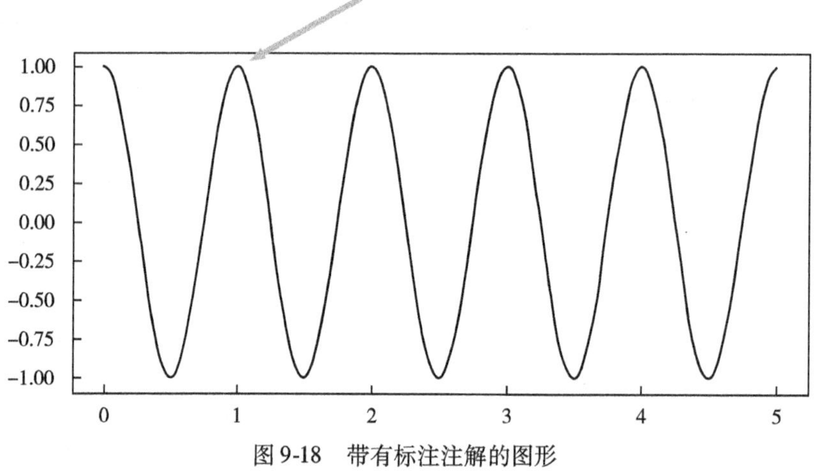

图 9-18 带有标注注解的图形

了解了 annotate 这个函数的基本用法后，可以在上面的图形中添加这种格式的注解，绘制带有注解的笛卡儿坐标系图形，代码如下：

程序清单 9-34

```
import matplotlib.pyplot as plt
import numpy as np
myfont = mpl.font_manager.FontProperties(fname='/Library/Fonts/Songti.ttc')
x = np.arange(-2 * np.pi, 2 * np.pi, 0.01)
y = np.sin(x * 3)/x
plt.title("笛卡儿坐标", fontsize=20, fontproperties=myfont)
plt.plot(x, y, color='b')
plt.xticks([-2 * np.pi, -np.pi, 0, np.pi, 2 * np.pi],
           [r'$-2\pi $', r'$-\pi $', r'$0 $', r'$ + \pi $', r'$ +2\pi $'])
plt.yticks([-1,0, +1, +2, +3],
           [r'$-1 $', r'$0 $', r'$ +1 $', r'$ +2 $', r'$ +3 $'])
ax = plt.gca()
ax.spines['right'].set_color('None')
ax.spines['top'].set_color('None')
```

```
ax. xaxis. set _ ticks _ position( 'bottom')
ax. spines[ 'bottom']. set _ position(( 'data', 0))
ax. yaxis. set _ ticks _ position( 'left')
ax. spines[ 'left']. set _ position(( 'data', 0))
plt. annotate(r'$np. sin(x * 3)/x $', xy = [0,1], xycoords = 'data',
              xytext = [30,30],fontsize = 12, textcoords = 'offset points',
              arrowprops = dict(facecolor = 'black', shrink = 0. 05))
plt. show()
```

带有标注的笛卡儿坐标系图形实现效果如图 9-19 所示。

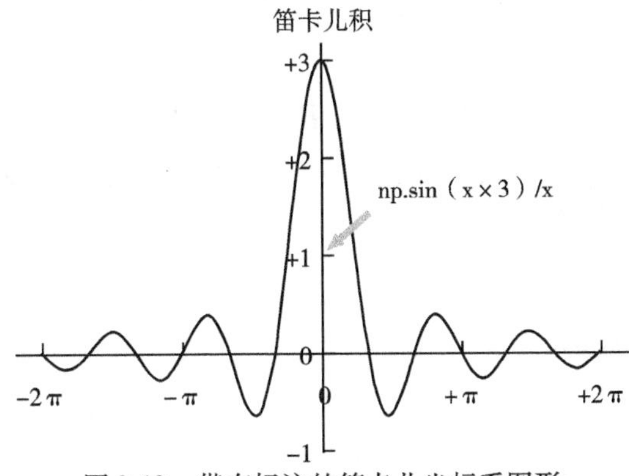

图 9-19　带有标注的笛卡儿坐标系图形

9.4　折线图

在 matplotlib 所有图表类型中，折线图使用频率是最高的，折线图只需要将所有点坐标绘制出来，然后将各个点的坐标都连接起来，前面章节介绍的绘图属性也都是采用折线图完成的。这里先看一个示例程序，运行这个程序首先要安装 tushare 模块，主要功能就是调用 get _ hist _ data 函数来获取指定时间范围内的上证 50 指数的历史数据，具体代码如下：

程序清单　9-35

```
import matplotlib. pyplot as plt
import tushare as ts
#获取上证 50 指数的历史数据
data = ts. get _ hist _ data( 'sz50',start = '2019-10-01',end = '2019-12-30')
data = data. sort _ index()
#一个基本的折线图
x = range(len(data))
#收盘价的折线图
plt. plot(x,data[ 'close'])
plt. show()
```

代码实现效果如图 9-20 所示。

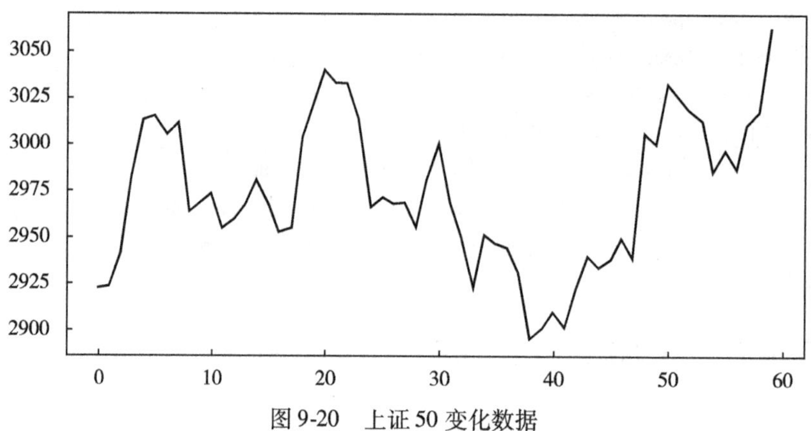

图 9-20　上证 50 变化数据

这里导入了 tushare 模块的，使用 tushare 提供的上证 50 指数历史数据来展现出 2019 年 10 月 1 日到 2019 年 12 月 30 日的股票数据。如果把这个图像变得复杂一些，同时显示出每天股票最高价与收盘价，具体代码如下：

程序清单　9-36

```
import matplotlib.pyplot as plt
import tushare as ts
#获取上证 50 指数的历史数据
data = ts.get_hist_data('sz50',start = '2019-10-01',end = '2019-12-30')
data = data.sort_index()
#一个基本的折线图
x = range(len(data))
plt.figure(figsize = (8,6))
plt.plot(x,data['close'])
plt.plot(x,data['high'])
plt.show()
```

股票最高价与收盘价展示效果如图 9-21 所示。

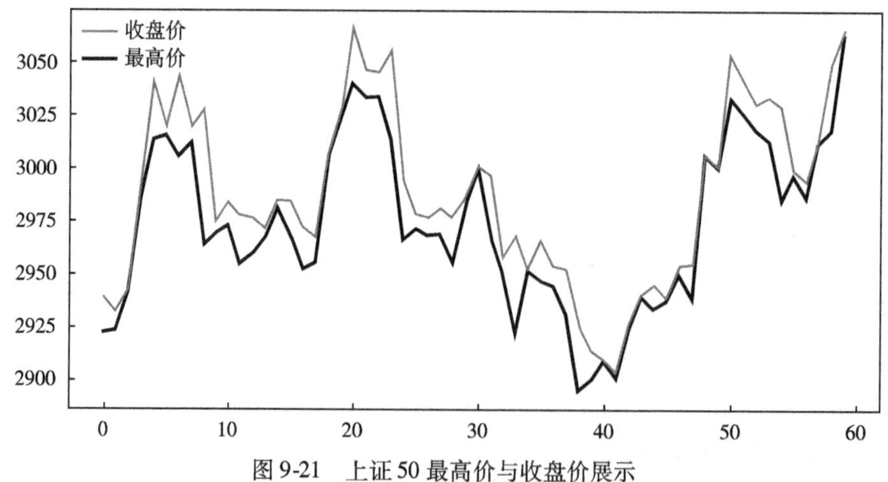

图 9-21　上证 50 最高价与收盘价展示

在图片中使用中文文本还需要指定中文字体，使用 label( )、title( )等函数时需要使用 fontproperties 参数指定文本显示字体，legend( )函数则需要使用 prop 参数指定文本显示字体。以下程序替换了 X 轴的显示，使用时间格式的数据，具体修改代码如下：

程序清单　9-37

```
import matplotlib.pyplot as plt
from matplotlib.dates import DateFormatter, WeekdayLocator, DayLocator, MONDAY
import matplotlib as mpl
import tushare as ts

import datetime #导入 datetime 模块
myfont = mpl.font_manager.FontProperties(fname = '/Library/Fonts/Songti.ttc')
x_date = [datetime.datetime.strptime(i, '%Y-%m-%d') for i in data.index]
fig,ax = plt.subplots(1,figsize = (10,6))
plt.title("上证 50 指数历史最高价、收盘价走势折线图",fontproperties = myfont)
plt.xlabel("时间",fontproperties = myfont)
plt.xticks(rotation =45)
plt.ylabel("指数",fontproperties = myfont)
mondays = WeekdayLocator(MONDAY)
alldays = DayLocator()
ax.xaxis.set_major_locator(mondays)
ax.xaxis.set_minor_locator(alldays)
mondayFormatter = DateFormatter('%Y-%m-%d')
ax.xaxis.set_major_formatter(mondayFormatter)
ax.plot_date(x_date,data['close'],'-',label = "收盘价")
ax.plot_date(x_date,data['high'],'-',label = "最高价")
plt.legend(prop = myfont)
plt.grid(True)
```

代码实现效果如图 9-22 所示。

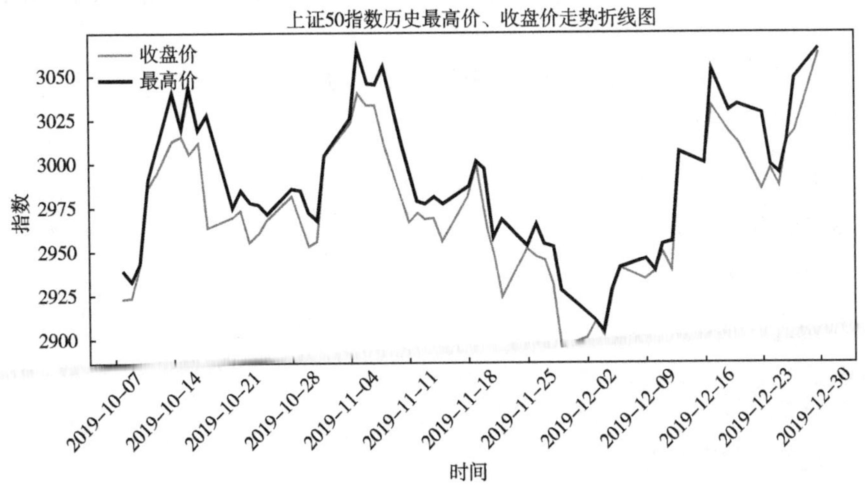

图 9-22　上证 50 指数历史最高价、收盘价趋势图

9.5 柱状图

柱状图是 matplotlib 的常见图表，经常被用来表示离散型数据，X 轴一般表示数据的类别，使用 matplotlib 提供的 bar 函数绘制柱状图非常简单，bar 函数的使用方法如下所示：

程序清单 9-38

```
bar(left, height, width=0.8, bottom=None, **kwargs)
```

它的参数含义如下：

1）left：一个标量或者标量的序列，bar 的左侧的 X 坐标，采用 data 坐标系。

2）height：一个标量或者标量的序列，bar 的高度，采用 data 坐标系。

3）width：一个标量或者标量的序列，bar 的宽度，默认为 0.8，采用 data 坐标系。

4）bottom：一个标量或者标量的序列，bar 的底部的 Y 坐标，默认为 0，采用 data 坐标系。

5）color：一个标量或者标量的序列，bar 的背景色。

6）edgecolor：一个标量或者标量的序列，bar 的边色颜色。

7）linewidth：一个标量或者标量的序列，bar 的边线宽。

8）tick_label：一个字符串或者字符串的序列，给出了 bar 的 label。

9）xerr：一个标量或者标量的序列，用于设置 bar 的 errorbar（水平方向的小横线）。

10）yerr：一个标量或者标量的序列，用于设置 bar 的 errorbar（垂直方向的小横线）。

11）ecolor：一个标量或者标量的序列，用于设置 errorbar。

12）capsize：一个标量，用于设置 errorbar。

13）error_kw：一个字典，用于设置 errorbar。如 ecolor/capsize 关键字。

14）align：一个字符串，设定 bar 的对齐方式。可以为'edge'或者'center'，柱子的左边与 x=left 线对齐或是柱子的中线与 x=left 线对齐。

15）orientation：一个字符串，指定 bar 的方向。可以为'vertical'或者'horizontal'，它决定了 errorbar 和 label 放置的位置。

16）log：一个布尔值，如果为 True，则设置 axis 为对数坐标。

绘制一个简单的柱状图，代码如下：

程序清单 9-39

```
import matplotlib.pyplot as plt
data=[5, 20, 15, 25, 10]
plt.bar(range(len(data)), data)
plt.show()
```

柱状图实现效果如图 9-23 所示。

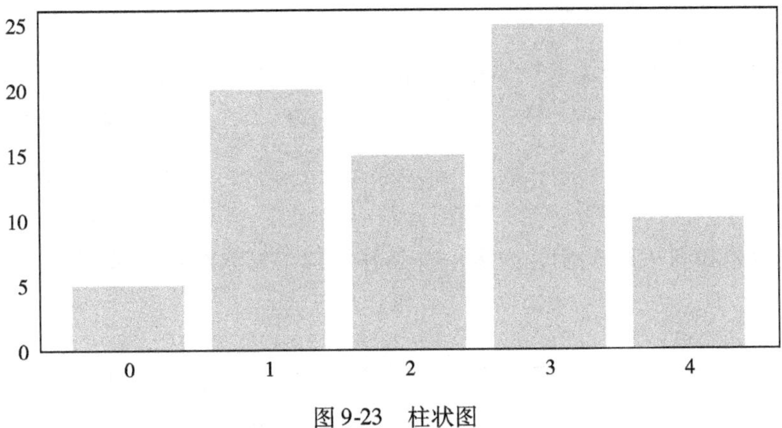

图 9-23　柱状图

柱状图最重要的四个参数是 left、height、width、bottom，这四个参数确定了柱体的位置和大小。默认情况下，left 为柱体的居中位置（默认值是 center，可以通过 align 参数来改变 left 值的含义），height 表示柱体的高度，width 表示柱体的宽度，而 bottom 表示底部相对于 Y 轴的位置，四个参数用法如下代码所示：

程序清单　9-40

```
import matplotlib.pyplot as plt
data = [5, 20, 15, 25, 30]
plt.bar([0.2, 1.9, 4.5, 6, 8], data, width = 0.6, bottom = [10, -1, 5, 2, 6])
plt.ylim([-2,40])
plt.show()
```

代码实现效果如图 9-24 所示，绘制了不同位置的柱状图。

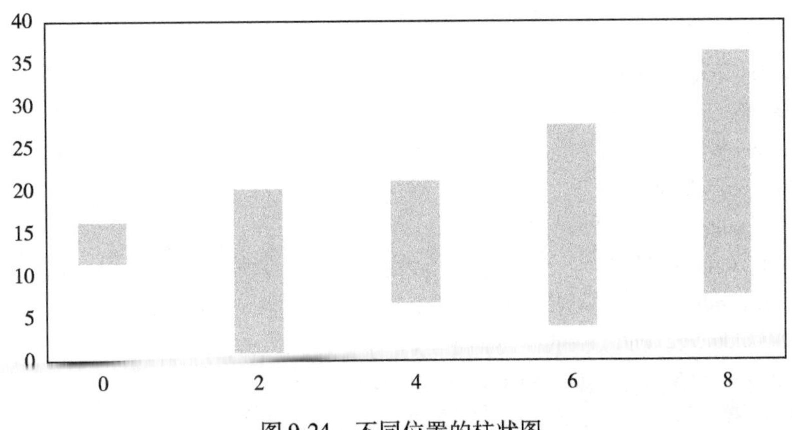

图 9-24　不同位置的柱状图

与折线图相同，可以通过其他参数指定柱状图样式，实现代码如下：

程序清单 9-41

```
import matplotlib. pyplot as plt
data = [5, 20, 15, 25, 10]
labels = [ 'Tom', 'Dick', 'Harry', 'Slim', 'Jim']
plt. bar( range( len( data) ), data, color = 'ygb', ec = 'r', ls = '--', lw = 2, hatch = ' * ', tick _ label = labels)
plt. show( )
```

代码实现效果如图 9-25 所示，为每一个条柱添加了背景颜色与填充标记，并且添加了边框效果。

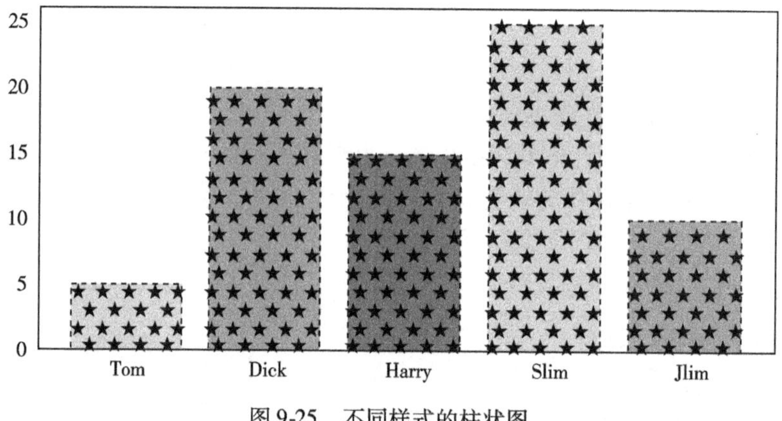

图 9-25 不同样式的柱状图

接下来绘制并列柱状图，绘制多组柱体只需要控制好每组柱体的位置和大小即可。实现代码如下：

程序清单 9-42

```
import numpy as np
import matplotlib. pyplot as plt
size = 5
x = np. arange( size)
y1 = np. random. random( size)
y2 = np. random. random( size)
y3 = np. random. random( size)
total _ width, n = 0. 8, 3
width = total _ width / n
x = x - (total _ width - width) / 2
plt. bar( x, y1, width = width, label = 'y1')
plt. bar( x + width, y2, width = width, label = 'y2')
plt. bar( x + 2 * width, y3, width = width, label = 'y3')
plt. legend( )
plt. show( )
```

第二组条柱绘制方法 plt. bar（x + width, y2, width = width, label = 'y2'），left 参数传入 x + width 表示向左移动 width 位置，正好是一个条柱的宽度。同理，第三组条柱的实现原理是一样的，代码实现效果如图 9-26 所示。

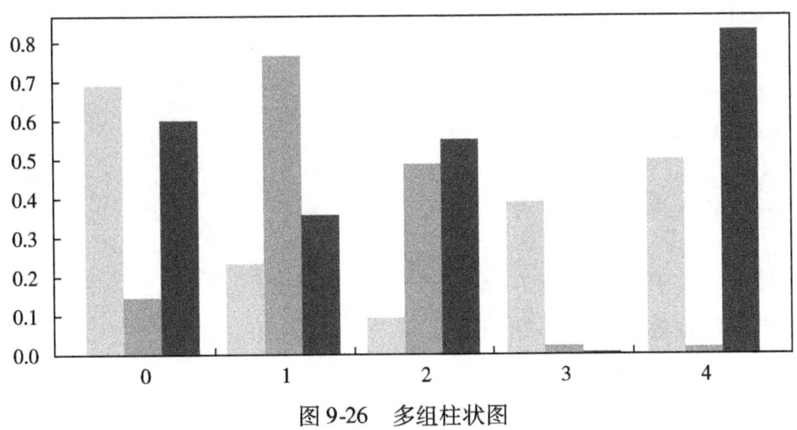

图 9-26　多组柱状图

柱状图只需要控制条柱的起始位置就可以，手动控制条柱宽度，下一个条柱起始位置是前一个条柱起始位置再加上条柱的宽度。如果将条柱横过来，就变成条形图，其余参数都不发生改变，这时只需要调用 matplotlib 提供的 barh 函数就可以，代码如下：

程序清单　9-43

```
import matplotlib. pyplot as plt
data = [5, 20, 15, 25, 10]
plt. barh(range(len(data)), data)
plt. show()
```

条形图代码实现效果如图 9-27 所示。

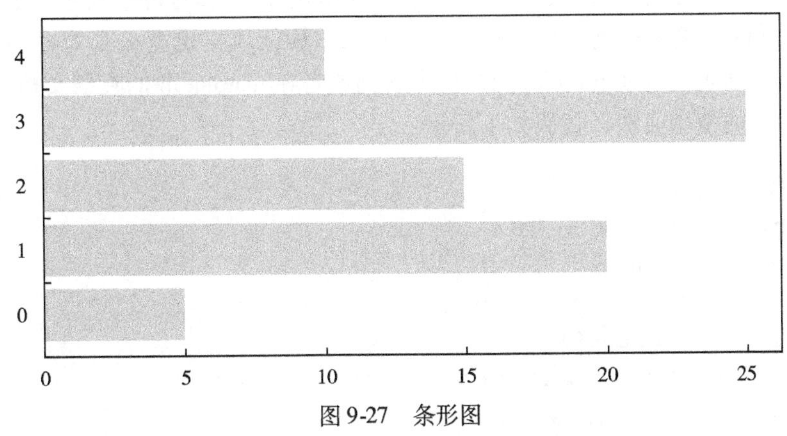

图 9-27　条形图

9.6　散点图

另一个常用的绘图类型是散点图。这里的数据点用点、圆或其他形状分别表示，而不是用线段连接。首先使用 plot 来绘制散点图，实现代码如下：

程序清单 9-44

```
%matplotlib inline
import matplotlib.pyplot as plt
plt.style.use('seaborn-whitegrid')
import numpy as np
x = np.linspace(0, 10, 30)
y = np.sin(x)
plt.plot(x, y, 'o', color='black');
plt.show()
```

绘制的散点图实现效果如图 9-28 所示。

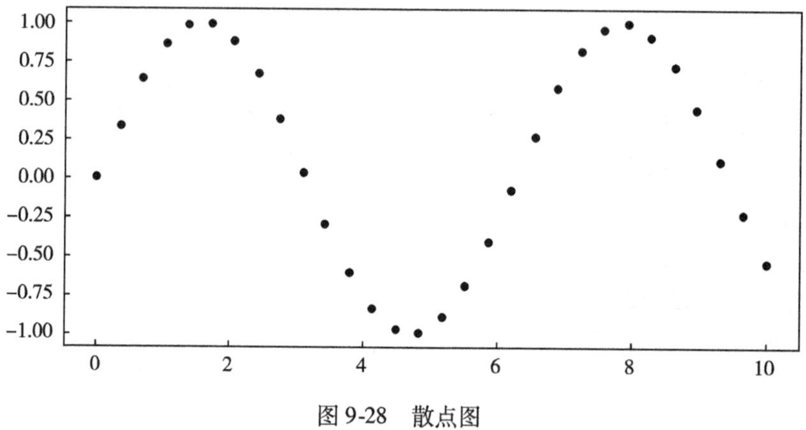

图 9-28 散点图

函数调用中的第三个参数是一个字符，它表示用于绘图的符号类型。正如指定诸如‘-’、‘--’这样的选项来控制线条样式一样，散点图标记风格也有一套简短的字符串代码，可用符号的完整列表可以在 plt.plot 的文档中看到或者在 matplotlib 的在线文档中查阅，这里先展示部分标记的使用方法，代码如下所示：

程序清单 9-45

```
import matplotlib.pyplot as plt
plt.style.use('seaborn-whitegrid')
import numpy as np
rng = np.random.RandomState(0)
for marker in ['o', '.', ',', 'x', '+', 'v', '^', '<', '>', 's', 'd']:
plt.plot(rng.rand(5), rng.rand(5), marker,
label  = "marker='{0}'".format(marker))
plt.legend(numpoints=1)
plt.xlim(0, 1.8);
plt.show()
```

不同标记散点图实现效果如图 9-29 所示。

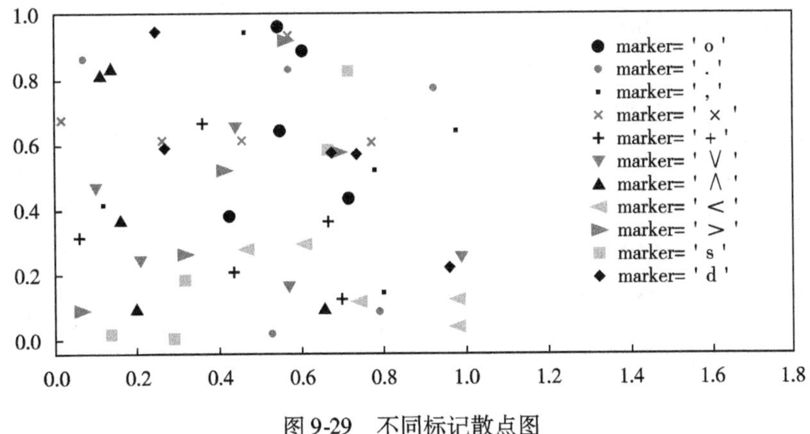

图 9-29　不同标记散点图

第二种更有效的绘制散点图方法是用 plt. scatter 函数来进行创建，它的使用方法和 plt. plot 非常类似，下列代码使用了 plt. scatter 函数绘制散点图。

程序清单　9-46

```
import matplotlib. pyplot as plt
plt. style. use('seaborn-whitegrid')
import numpy as np
plt. scatter(x, y, marker='o');
plt. show()
```

散点图实现效果如图 9-30 所示。

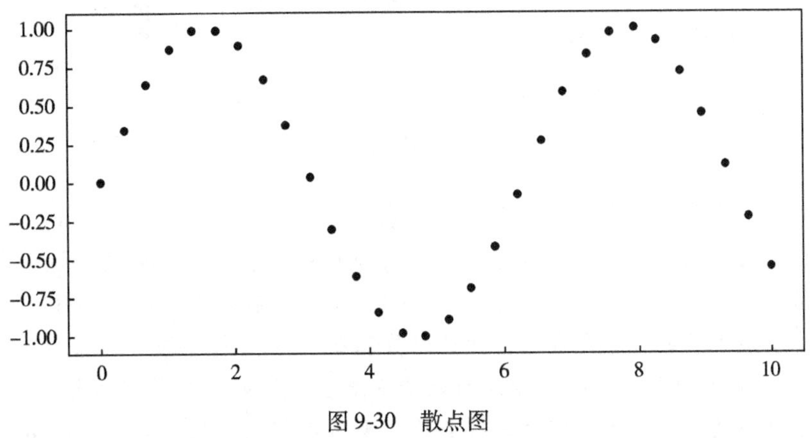

图 9-30　散点图

plt. scatter 函数与 plt. plot 函数的主要区别是，前者可以用来创建散点图，其中每个点的属性（大小、颜色、边缘颜色等）可以单独控制或映射到数据上。下面创建一个带有许多颜色和大小的点的随机散点图来展示这一点。为了更好地看到重叠的结果，这里使用 alpha 关键字来调整透明度级别，具体实现代码如下：

程序清单 9-47

```
import matplotlib.pyplot as plt
plt.style.use('seaborn-whitegrid')
import numpy as np
rng = np.random.RandomState(0)
x = rng.randn(100)
y = rng.randn(100)
colors = rng.rand(100)
sizes = 1000 * rng.rand(100)
plt.scatter(x, y, c = colors, s = sizes,alpha = 0.3,
cmap = 'viridis')
plt.colorbar();
plt.show()
```

随机气泡图实现效果如图 9-31 所示。

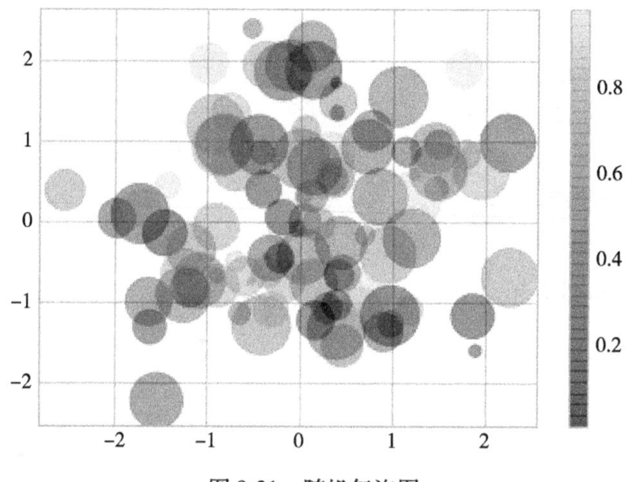

图 9-31　随机气泡图

注意： 颜色参数会自动映射到一个颜色表（这里显示的是 colorbar()命令），并且大小参数以像素形式给出。通过这种方式，点的颜色和大小可以用来在可视化中传递信息，以便可视化多维数据。plt.plot 可以明显地比 plt.scatter 更有效率，一方面由于 plt.scatter 有能力为每个点呈现不同的大小或颜色，因此渲染器必须单独完成每一点的构造；另一方面，plt.plot 中的点本质上都是彼此的克隆，因此确定这些点外观的工作只对整个数据集进行一次。对于大型数据集，这两者之间的差异会导致截然不同的性能，因此 plt.plot 在大型数据集中要优于 plt.scatter。

9.7　误差线

对于科学测量来说，精确地计算错误非常重要，甚至比准确报告数字本身更重要。在数据和结果的可视化中，有效地显示错误信息可以传达更完整的信息。一个基本的误差线可以通过一个简单的 matplotlib 函数创建。具体代码如下所示：

程序清单　9-48

```
%matplotlib inline
import matplotlib.pyplot as plt
plt.style.use('seaborn-whitegrid')
import numpy as np
x = np.linspace(0, 10, 50)
dy = 0.8
y = np.sin(x)  + dy * np.random.randn(50)
plt.errorbar(x, y, yerr = dy, fmt = '.k');
plt.show()
```

误差线效果如图 9-32 所示。

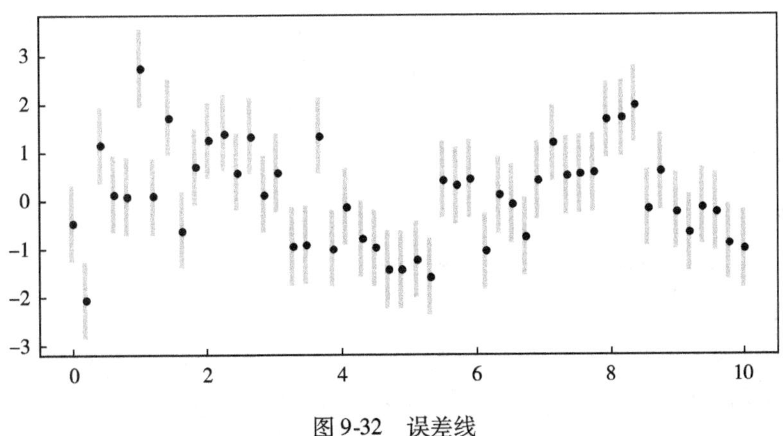

图 9-32　误差线

这里的 fmt 是一种控制行和点外观的格式代码，与 plt.plot 中使用的简写有相同的语法。除了这些基本选项之外，errorbar 函数还有许多选项来微调输出。通过使用这些附加选项，读者可以轻松地使误差线图更加美观。下列代码实现了 errorbar 附加选项的输出：

程序清单　9-49

```
%matplotlib inline
import matplotlib.pyplot as plt
plt.style.use('seaborn-whitegrid')
import numpy as np
x = np.linspace(0, 10, 50)
dy = 0.8
y = np.sin(x)  + dy * np.random.randn(50)
plt.errorbar(x, y, yerr = dy, fmt = 'x', color = 'blue',ecolor = 'lightgreen', elinewidth = 2, capsize = 0);
plt.show()
```

个性化多样式误差线效果如图 9-33 所示。

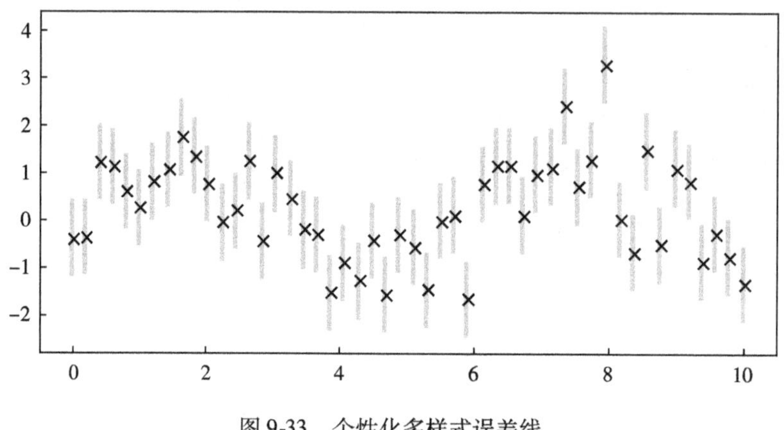

图 9-33　个性化多样式误差线

在某些情况下，需要显示连续数量的误差线。虽然 matplotlib 对这种类型的应用程序没有内置的便利程序，但是将 plt. plot 和 plt. fill _ between 组合成一个有用的结果是相对比较容易的。下面将使用 sklearn 包执行一个简单的高斯过程回归，这是一种将非常灵活的非参数函数与不确定度的连续测量相结合的方法。本节不会深入研究高斯过程回归的细节，而是将重点放在如何将这种连续的误差测量可视化。

程序清单　9-50

```
from sklearn.gaussian_process import GaussianProcess
#定义模型并绘制一些数据
model = lambda x: x * np.sin(x)
xdata = np.array([1, 3, 5, 6, 8])
ydata = model(xdata)
#拟合高斯过程模型
gp = GaussianProcess(corr = 'cubic', theta0 = 1e-2, thetaL = 1e-4,thetaU = 1E-1,random_start = 100)
gp.fit(xdata[:, np.newaxis], ydata)
xfit = np.linspace(0, 10, 1000)
yfit, MSE = gp.predict(xfit[:, np.newaxis], eval_MSE = True)
dyfit = 2 * np.sqrt(MSE) # 2 * sigma ~ 95% 置信区间
plt.plot(xdata, ydata, 'or')
plt.plot(xfit, yfit, '-', color = 'gray')
plt.fill_between(xfit, yfit - dyfit, yfit + dyfit,color = 'green', alpha = 0.4)
plt.xlim(0, 10);
plt.show()
```

代码实现效果如图 9-34 所示。

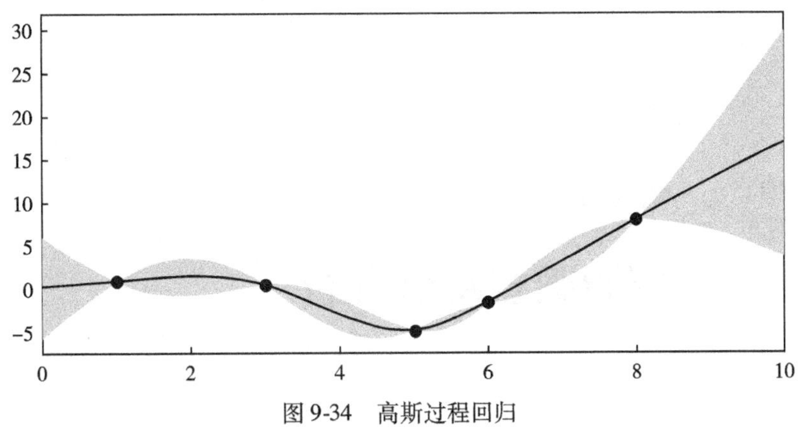

图 9-34　高斯过程回归

注意本案例使用 fill _ between 函数：传递一个 x 值，首先是下界，然后是上界，最终显示上下界之间的区域被填满了。由此得出的数据可以直观地理解高斯过程回归算法所做的工作：在测量数据点附近的区域，模型受到强烈的约束，这反映在小模型错误中；在远离测量数据点的区域，模型不受强约束，模型误差增大。

9.8　本章小结

本章介绍了 matplotlib 的基本使用方法，主要讲解了如何使用 matplotlib 绘制折线图、柱状图、气泡图、误差图等基础图形实现，使读者能够将数据分析结果进行可视化展示。

9.9　练习

1）请利用 matplotlib 编写一个程序，显示 y = sin（x）与 y = cos（x）两条线条，并给图表和坐标轴加上标题。

2）如果要展示电影 A、B、C、D 分别在 2018-10-24（b _ 24）、2018-10-25（b _ 25）、2018-10-26（b _ 26）三天的票房，为了展示列表中电影本身的票房以及同其他电影的数据对比情况，应该如何更加直观地呈现数据？已知：b _ 24 = ［15746，392，4897，219］；b _ 25 = ［14370，156，2045，268］；b _ 26 = ［21357，302，2958，442］。

Chapter 10

第10章 招聘数据综合分析

往年的三、四月份，正是求职者的黄金季节，但在2020年却被按下了暂停键。一份调查报告显示，疫情期间约44%的人推迟了求职时间，39%的人认为求职的难度有所增加，24%的人认为求职基本没有受到影响，另外34%的人没有求职计划。根据最新的招聘网站数据显示，受到疫情的影响，2020年春节后复工1个月，企业整体的招聘职位及招聘人数相较以往下降了31.43%和28.12%。其次，很多企业因为疫情陷入危机，对部分岗位进行缩减、优化，并且减少了没有必要的项目或人员。对于多数的求职者而言，求职就意味着必须要放弃一些东西，比如现在有很多人都在从事着和自己的专业丝毫没有关系的工作，在这样的前提下必然会存在一些问题，比如可能会无法在工作岗位上让自己的能力得到最大程度的发挥。

本章分别从三种职业的招聘数据进行分析，总体数据达到6万左右，分别整理了三种职业的薪金分布，城市需求、学历对职业的影响，招聘岗位对经验的要求等就业核心问题。项目包含了三个数据集：第一个是All_Bigdata.xlsx文件，此文件是大数据工程师招聘的原始数据；第二个是DataAnalyst.xlsx文件，此文件是数据分析师招聘的原始数据；第三个是All_Java.xlsx文件，此文件是Java工程师招聘的原始数据。每个数据文件中数据字段列都是相同的，数据集中每个列含义见表10-1。

表10-1 数据集字段含义

字段列	说　明
JobTitle	招聘职位
CompanyName	公司名称
Salary	薪金范围
Area	招聘区域
City	招聘城市
CompanyNature	公司类型
CompanySize	公司人数
WorkYear	工作经验
Education	教育程度
RecruitNumbers	招聘人数
ReleaseTime	发布时间
PositionAdvantage	公司福利

（续）

字段列	说　明
JobRequirements	岗位要求
LowSalary	最低薪金
HighSalary	最高薪金

10.1　不同岗位公司类型占比

程序开始时需要导入程序使用到的相关代码库，执行代码如下所示：

程序清单　10-1

```
import numpy as np
import pandas as pd
from collections import Counter
from pandas import Series, DataFrame
import matplotlib.pyplot as plt
from matplotlib.pyplot import plot,savefig
import re
import matplotlib as mpl
from matplotlib.font_manager import _rebuild
mpl.rcParams["font.sans-serif"] = [u"SimHei"]
mpl.rcParams["axes.unicode_minus"] = False
```

上述程序分别导入了 NumPy、Pandas 以及 matplotlib 库，除此之外，还导入了 re 模块，它是 Python 提供的原生处理正则表达式的模块。本项目在可视化过程中使用了中文的输出，所以在过程中还导入了 matplotlib.font_manager 模块相关处理方法进行中文的处理。

下面读取数据集，由于提供的数据集文件都是 xlsx 类型的文件，所以需要使用 Pandas 提供的 read_excel 方法来读取数据，具体代码如下：

程序清单　10-2

```
path1 = r"All_Java.xlsx"
path2 = "DataAnalyst.xlsx"
path3 = r"All_Bigdata.xlsx"
java_data = pd.read_excel(path1)
bd_data = pd.read_excel(path3)
an_data = pd.read_excel(path2)
print(bd_data.info())
print(bd_data.info())
print(bd_data.info())
```

在得到数据的 DataFrame 对象之后，对数据结果的详细信息进行查看，代码运行结果如下：

```
<class 'pandas.core.frame.DataFrame'>
RangeIndex: 4821 entries, 0 to 4820
Data columns (total 14 columns):
JobTitle            4821 non-null object
CompanyName         4821 non-null object
Salary              4821 non-null object
City                4821 non-null object
CompanyNature       4821 non-null object
CompanySize         4821 non-null object
WorkYear            4821 non-null object
Education           4821 non-null object
RecruitNumbers      4821 non-null object
ReleaseTime         4821 non-null object
EmployeeWelfare     4821 non-null object
JobRequirements     4821 non-null object
LowSalary           4821 non-null float64
HighSalary          4821 non-null float64
dtypes: float64(2), object(12)
memory usage: 527.4+ KB
<class 'pandas.core.frame.DataFrame'>
Int64Index: 30307 entries, 67 to 7549
Data columns (total 15 columns):
JobTitle            30307 non-null object
CompanyName         30307 non-null object
Salary              30307 non-null object
Area                30307 non-null object
City                30307 non-null object
CompanyNature       30307 non-null object
CompanySize         30307 non-null object
Workyear            30307 non-null object
Education           30307 non-null object
RecruitNumbers      30307 non-null object
ReleaseTime         30307 non-null object
PositionAdvantage   30307 non-null object
JobRequirements     30307 non-null object
LowSalary           30307 non-null int64
HighSalary          30307 non-null int64
dtypes: int64(2), object(13)
memory usage: 3.7+ MB
<class 'pandas.core.frame.DataFrame'>
RangeIndex: 23008 entries, 0 to 23007
Data columns (total 15 columns):
```

```
JobTitle                23008 non-null object
CompanyName             23008 non-null object
Salary                  23008 non-null object
Area                    23008 non-null object
City                    23008 non-null object
CompanyNature           23008 non-null object
CompanySize             23008 non-null object
Workyear                23008 non-null object
Education               23008 non-null object
RecruitNumbers          23008 non-null object
ReleaseTime             23008 non-null object
PositionAdvantage       23008 non-null object
JobRequirements         23008 non-null object
LowSalary               23008 non-null float64
HighSalary              23008 non-null float64
dtypes: float64(2), object(13)
memory usage: 2.6 + MB
```

可以看到三组数据集的数据都非常工整，不存在缺失数据，下面进行数据的展示：

程序清单　10-3

```
datas = [bd_data,java_data,an_data]
titles = ["大数据工程师岗位","Java 工程师岗位","数据分析师岗位"]
for index,value in enumerate(datas):
    CompanyNature_Count = value.CompanyNature.value_counts()
    font = {'family': 'SimHei'}
    fig = plt.figure(figsize = (8, 8))
    patches, l_text, p_text = plt.pie(CompanyNature_Count, autopct = '%.2f%%', pctdistance = 0.6, labels = CompanyNature_Count.index, labeldistance = 1.1, radius = 1)
    m , n = 0.02, 0.028
    for t in l_text[7: 11]:
        t.set_y(m)
        m += 0.1
    for p in p_text[7: 11]:
        p.set_y(n)
        n += 0.1
    plt.title(titles[index], fontsize = 24)
```

下面分别对三个数据集中的公司类型列数据进行占比分析，采用饼图的方式予以可视化，使用 matplotlib 提供的 pie 方法完成饼图绘制，参数 pctdistance 表示饼图内部字体离中心的距离，labeldistance 则是 label 的距离，radius 指饼图的半径。由于文本显示太密集，所以对文本位置进行微调，代码执行结果分别如图 10-1、图 10-2、图 10-3 所示。

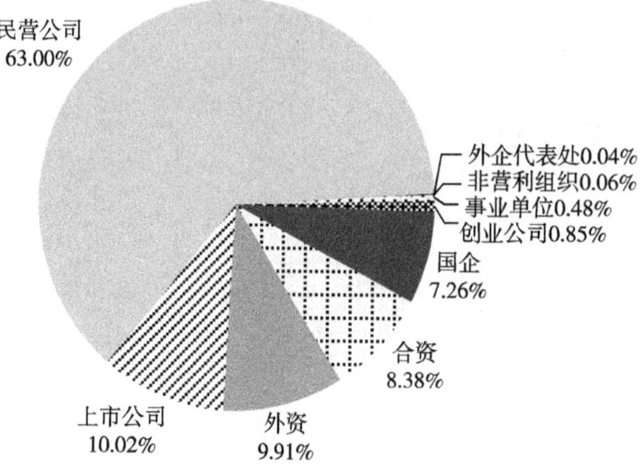

图 10-1　大数据工程师企业分布

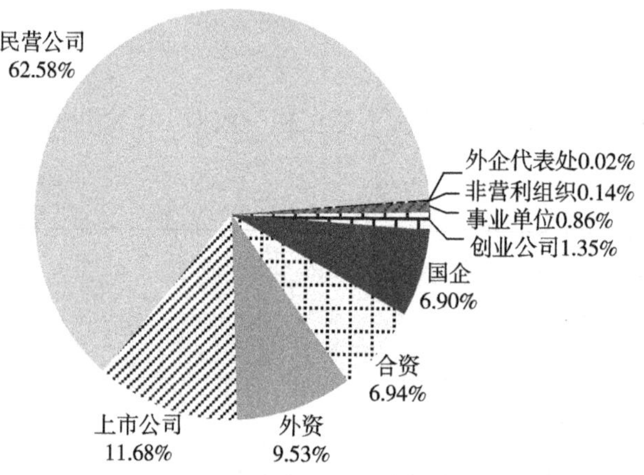

图 10-2　Java 工程师企业分布

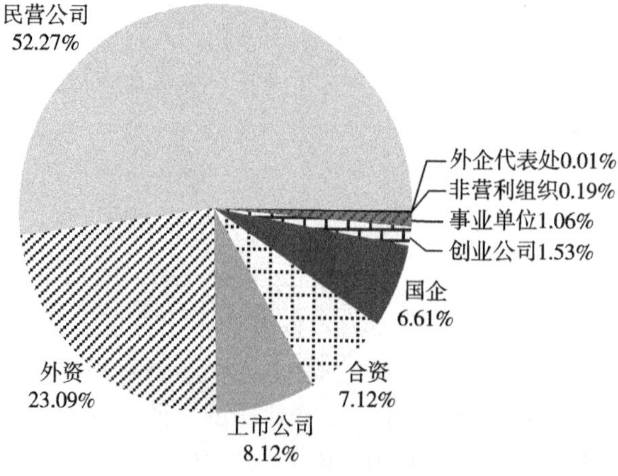

图 10-3　数据分析工程师企业分布

从可视化的结果来看，可以很直观地看出三种岗位都是民营公司占据了招聘主体。

10.2　数据分析岗位各招聘公司规模分布

本节主要对数据分析岗位的数据进行可视化分析展示，其他两种岗位的数据分析执行步骤是一致的，请读者自行实现。在数据集中包含 CompanySize 这一列数据，主要表示招聘公司的员工数量，从侧面也能反映公司的规模大小，本节主要对该列数据进行可视化展示，采用条形图来展示数据对比。具体代码如下：

程序清单　10-4

```
CompanySize_Count = an_data.CompanySize.value_counts()
index, bar_width = np.arange(len(CompanySize_Count)), 0.6
fig = plt.figure(figsize = (10, 8))
plt.barh(index * (-1) + bar_width,CompanySize_Count,tick_label = CompanySize_Count.index, height = bar_width)
for x,y in enumerate(CompanySize_Count):
    plt.text(y + 0.1, x * (-1) + bar_width, '%s'%y, va = 'center')
plt.title('数据分析岗位各公司规模总数分布条形图', fontsize = 24)
```

代码中设置了该列每一个条柱的宽度，并且标注出每个条形图的真实数据大小，代码执行的效果如图 10-4 所示：

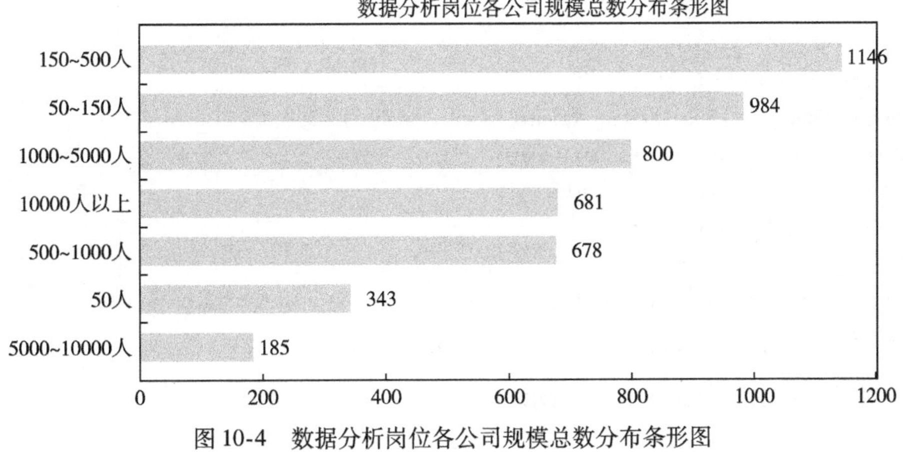

图 10-4　数据分析岗位各公司规模总数分布条形图

从上图中可以很清晰地发现，150 ~ 500 以及 50 ~ 150 这个范围区间人数的占比比较大，因此数据分析岗位以中小型公司的需求为主。

10.3　数据分析岗位招聘学历以及经验要求

本节主要探究数据分析岗位的招聘对学历以及工作经验的要求。数据集中包含了 Education 以及 WorkYear 两列，分别表示教育程度以及工作年限，对二者的可视化展示相对比较容易。对学历的可视化展示代码如下：

程序清单 10-5

```
rdata = an_data['Education'].value_counts().sort_values()
plt.barh(np.arange(len(rdata)),rdata.values)
plt.yticks(np.arange(len(rdata)),rdata.index)
plt.title('学历要求',fontsize=22)
for x,y in enumerate(rdata):
    plt.text(y+100,x,'%s'%round(y,1),ha='center',va='center',fontsize=15)
plt.show()
```

代码以条形图展示学历的要求，并标注出每个条形的具体数值大小，数据分析岗位学历要求分布如图 10-5 所示。

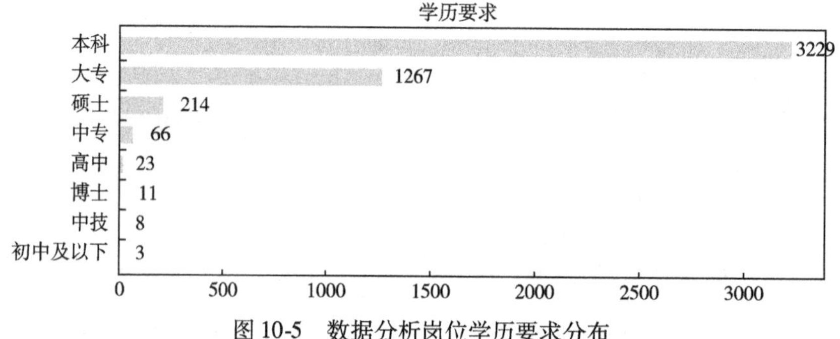

图 10-5 数据分析岗位学历要求分布

和学历对应的还有工作经验，对工作经验数据列的可视化代码如下：

程序清单 10-6

```
plt.figure(figsize=(10,8))
rdata = an_data[WorkYear].value_counts().sort_values()
plt.bar(np.arange(len(rdata)),rdata.values)
plt.xticks(np.arange(len(rdata)),rdata.index)
plt.title('经验要求',fontsize=22)
for x,y in enumerate(rdata):
    plt.text(x,y+100,'%s'%round(y,1),ha='center',va='center',fontsize=15)
plt.show()
```

岗位对经验要求分布如图 10-6 所示。

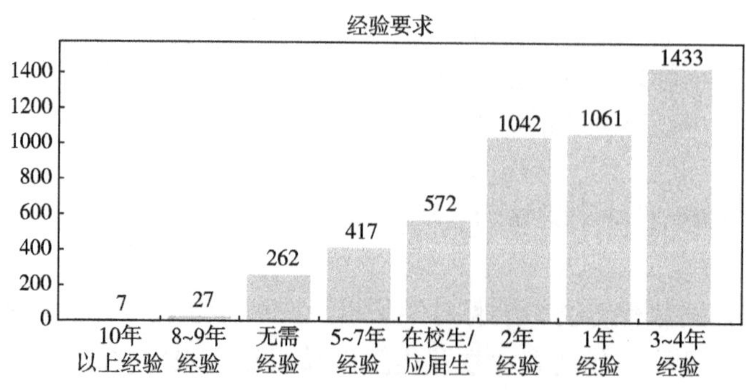

图 10-6 数据分析岗位经验要求分布

通过数据展示发现，数据分析岗位对学历要求没有那么严格，主要以本科以及大专为主，但是对工作经验要求相对比较严格，要求具有 1 ~4 年工作经验是招聘需求的主体。

10.4　数据分析岗位招聘城市需求数量占比

本节主要查看不同城市对数据分析岗位招聘需求的占比分布，对于占比问题，饼图往往是第一选择。可视化占比的第一个问题是找到城市数据，数据集中已经包含 City 列，但是该列数据包含城市信息与街区信息，目前只需要城市信息，所以还要对 City 列进行数据提取，具体实现代码如下：

程序清单　10-7

```
an_data['City'] = an_data.City.str.split('-', expand = True)[0]
city = an_data['City']
city = city.value_counts()
city = city.head(30)
plt.pie(city, autopct = '%.2f%%', pctdistance = 0.6, labels = city.index, labeldistance = 1.1, radius = 1, explode = np.linspace(0,1.5,30))
plt.show()
```

这里使用饼图进行可视化，但是数据数量相对较多，所以为每一个扇形图增加了一定的偏移距离，不同城市对数据分析岗位需求占比具体效果如图 10-7 所示。

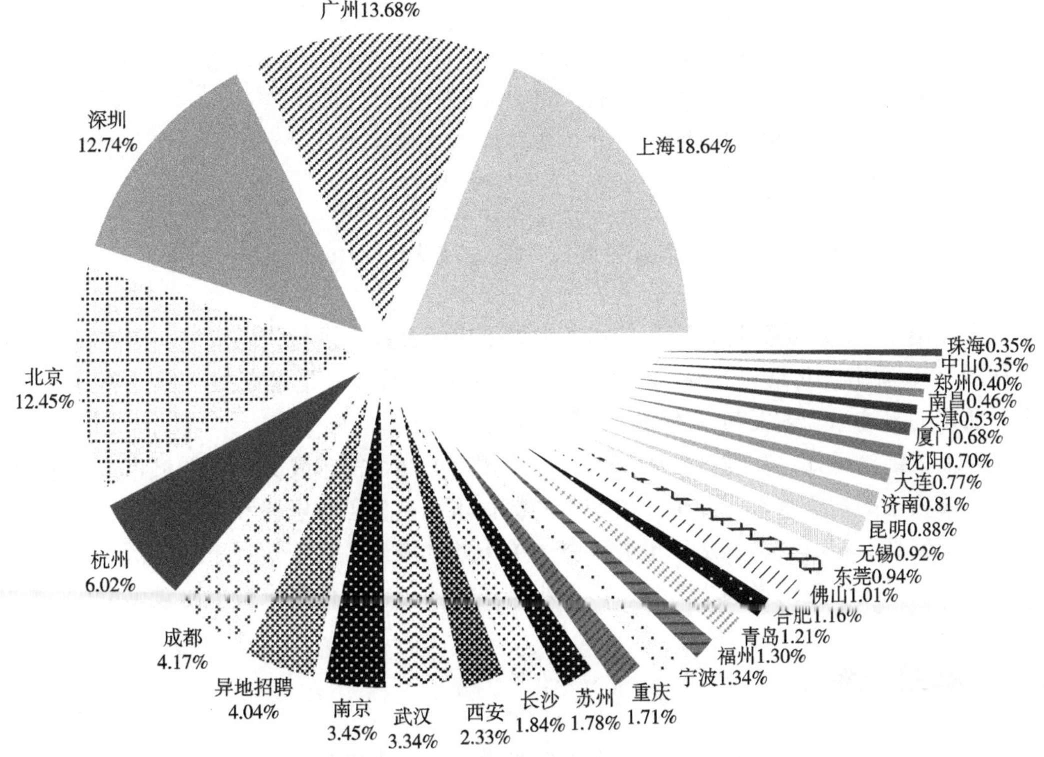

图 10-7　不同城市对数据分析岗位需求占比

从图 10-7 发现，北京、深圳、上海、广州、杭州提供了 63.54% 的数据分析岗位。

10.5 数据分析岗位招聘不同地区薪资分布

本节主要对数据分析岗位需求量排名前 20 的地区的薪资分布进行可视化。薪资往往是求职者考量工作的最重要指标之一，要表示需求量排名前 20 地区的薪资分布则需要使用复合图形，并且薪资分布需要指定范围，这里指定最高薪资以及最低薪资，具体实现如下代码：

程序清单 10-8

```
fig = plt.figure(figsize = (25,15))
an_data.LowSalary, an_data.HighSalary = an_data.LowSalary.astype(float), an_data.HighSalary.astype
(float)
#分别求各地区平均最高薪资，平均最低薪资
Salary = an_data.groupby('City',as_index = False)['LowSalary','HighSalary'].mean()
City = an_data.groupby('City',as_index = False)['JobTitle'].count().sort_values('JobTitle', as-
cending = False)#合并数据表
City = pd.merge(City, Salary, how = 'left', on = 'City')#用前 20 名进行绘图
City = City.head(20)
plt.bar(City.City, City.JobTitle, width = 0.8, alpha = 0.8)
plt.plot(City.City, City.HighSalary * 1000, '--',color = 'g', alpha = 0.9, label = '平均最高薪资')
plt.plot(City.City, City.LowSalary * 1000, '-.',color = 'r', alpha = 0.9, label = '平均最低薪资')
for x, y in enumerate(City.HighSalary * 1000):
    plt.text(x, y, '%.0f'%y, ha = 'left', va = 'bottom')
for x, y in enumerate(City.LowSalary * 1000):
    plt.text(x, y, '%.0f'%y, ha = 'right', va = 'bottom')
for x, y in enumerate(City.JobTitle):
    plt.text(x, y, '%s'%y, ha = 'center', va = 'bottom')
plt.legend()
plt.title('数据分析岗位需求量排名前 20 地区的薪资水平状况', fontsize = 20)
```

这里使用了 merge 函数将城市数据和薪水数据进行合并，运行代码效果如图 10-8 所示。

从图 10-8 看出，北京、上海、广州、深圳需求职位需求量是最高的，但是单纯就薪资而言，北京的平均最高薪资与平均最低薪资都是最高的。

通过上述结论可知：从地区位置来看，一线城市的岗位需求要大于二线城市，对于同一职位，一线城市的薪资水平要高于二线城市的薪资水平；从工作经验和学历来看，工作时间越长、学历越高，相应的薪资水平也会提高；关于此次疫情，在疫情严重地区部分行业工作岗位的需求量要大于疫情影响小的地区，中小型规模的公司岗位需求量也是较多的。

10.6 本章小结

本章通过招聘数据分析案例对之前章节所学内容进行应用与归纳，按照数据清洗、数据

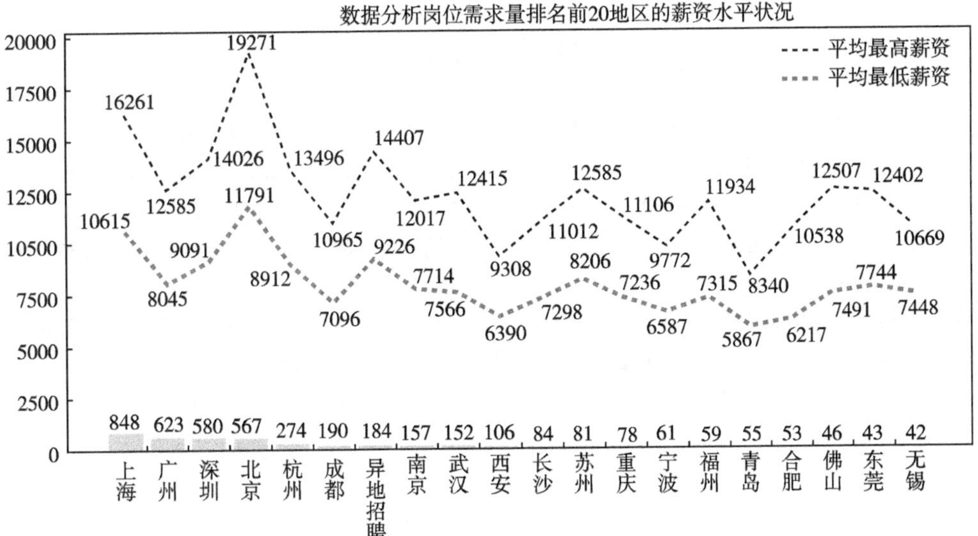

图 10-8　数据分析岗位需求量排名前 20 地区的薪资水平状况

分析、数据可视化等步骤完成招聘类数据等综合分析，重点应用 Pandas 模块和数据可视化模块，使读者通过学习和实践，能正确理解数据分析的方式、要求和工作要点，并能应用数据计算、数据分析、数据可视化等最新技术，在面对复杂的程序分析需求时，设计科学有效的数据分析程序。

10.7　练习

1）绘制数据分析岗位全国主要城市招聘分布图。

2）绘制数据分析岗位全国主要城市薪资分布图。

参 考 文 献

[1]戴维·谢伦，等 . Python 数据科学导论［M］. 王艳，等译. 北京：机械工业出版社，2017.
[2]韦斯·麦金尼. 利用 Python 进行数据分析［M］. 徐敬一，译 . 2 版. 北京：机械工业出版社，2018.
[3]克林顿·布朗利 . Python 数据分析基础［M］. 陈光欣，译. 北京：人民邮电出版社，2017.
[4]张良均，谭立云，刘名军，等 . Python 数据分析与挖掘实战［M］. 2 版. 北京：机械工业出版社，2019.
[5]埃里克·马瑟斯 . Python 编程从入门到实践［M］. 袁国忠，译. 北京：人民邮电出版社，2016.
[6]宋天龙 . Python 数据分析与数据化运营［M］. 2 版. 北京：机械工业出版社，2019.
[7]余本国. 基于 Python 的大数据分析基础及实战［M］. 北京：中国水利水电出版社，2018.